图解
小别墅设计
与施工技能速成

住宅公园◉组织编写

U0389917

化学工业出版社
·北京·

本书以小别墅的设计与施工全过程为主线，首先讲解小别墅预算控制的内容、通过计算实例帮助读者了解如何对小别墅建造成本进行合理的控制，以防"超支"；然后介绍小别墅的选型设计，书中配合户型实例及外形实例图纸帮助读者选择心仪的户型及外形样式；最后用图解的方式按照从基础施工到装修施工的顺序详细讲解施工细节，重点内容直接在图中进行标注和指导，在讲解施工的过程中还对小别墅主体材料的选用和装修材料的选用及参考价格进行了详细的介绍。书中还给出了20套具有代表性的小别墅设计与施工CAD图纸及效果图，读者可通过扫描本书前言里的二维码下载查看。

本书对于想自建小别墅的业主来说，具有非常全面、实用的指导和参考价值。同时，也可供从事小别墅设计与施工的专业人员参考。

图书在版编目（CIP）数据

图解小别墅设计与施工技能速成／住宅公园组织编写．—北京：化学工业出版社，2016.11（2019.8重印）
ISBN 978-7-122-28269-9

Ⅰ．①图…　Ⅱ．①住…　Ⅲ．①别墅-建筑设计-图集
②别墅-工程施工-图集　Ⅳ．① TU241.1-64

中国版本图书馆 CIP 数据核字（2016）第 244731 号

责任编辑：彭明兰　　　　　　　　　装帧设计：刘丽华
责任校对：程晓彤

出版发行：化学工业出版社（北京市东城区青年湖南街 13 号　邮政编码 100011）
印　　装：北京虎彩文化传播有限公司
710mm×1000mm　1/16　印张 12¾　字数 268 千字　2019 年 8 月北京第 1 版第 5 次印刷

购书咨询：010-64518888　　　　　　　售后服务：010-64518899
网　　址：http://www.cip.com.cn
凡购买本书，如有缺损质量问题，本社销售中心负责调换。

定　　价：49.80 元
版权所有　违者必究

前言

随着我国经济的快速发展，人民的生活水平得到大幅提高。人们在生活水平不断提高的同时也对自家居住的房屋有了更高的要求，传统的砖瓦房已经满足不了百姓的要求，一些有经济实力的百姓开始着手自建小别墅。然而对于这些想要自建小别墅的业主来说，小别墅的设计、预算、施工等都是他们将要面临的问题，把这些问题都弄清楚以后，就可以快速地建造自己心仪的小别墅。

本书首先解决的是小别墅建造成本的问题，重点讲解合理控制预算、防止出现"超支"现象的发生；其次解决自建小别墅业主对于小别墅选型与设计的问题，让业主自己选择满意的外形和造型；在此基础上还要帮助业主合理地选择建材，做到所选择的建材在能满足安全使用的条件下，又能满足成本和美观的要求；最后用图解的形式对各分项工程施工进行讲解，让业主明白工序的流程，对施工质量的好坏能有所识别，在涉及结构安全等细节部位施工时，能够提出正确的做法或了解所需注意的地方。

本书在具体内容的编写上以满足实用为原则，在预算造价方面，增加工程量计算的实例；在选型与设计方面，以实例的方法对施工图进行解读；在建材选用方面，增加常用材料的实例图片，便于业主进行采购；在各分项工程施工方面，每个分项工程重要部位的施工都配有现场图片，重要内容直接在图中进行标注（以拉线的形式）。书中的内容减少大段文字的叙述，表现形式多样活泼。为了让业主和从事小别墅设计与施工的专业人员更能直观地参考相关案例，我们还特别精选了20套小别墅建筑施工图纸，读者可扫描本页下方的二维码进行下载查看。

　　本书由住宅公园组织编写，参与本书编写的人员有：刘向宇、安平、陈建华、陈宏、蔡志宏、邓毅丰、邓丽娜、黄肖、黄华、何志勇、郝鹏、李卫、林艳云、李广、李锋、李保华、刘团团、李小丽、李四磊、刘杰、刘彦萍、刘伟、刘全、梁越、马元、孙银青、王军、王力宇、王广洋、许静、谢永亮、肖冠军、叶萍、杨柳、于兆山、张志贵、张蕾。

　　由于编者水平有限以及时间仓促，书中难免存在一些不妥之处，恳请广大读者批评指正，以便做进一步的修订。

编　者

2016年8月

（扫描此二维码，可查看20套小别墅建筑施工图纸）　（扫描此二维码，可下载20套小别墅建筑施工图纸）

目　录

第一章

小别墅的预算造价控制

第一节 工程预算的常规编制方法

工程预算的编制看似是一件挺复杂的事情，其实分解来看并不难，无外乎就是知道怎么编，计算出工程量，然后确定综合单价，最后汇总相加就能得出整体的预算价格。

一般工程预算的编制顺序为：

查看编制依据 → 确定编制程序 → 选择编制方法

一、编制依据

编制依据的主要内容包含以下几方面。

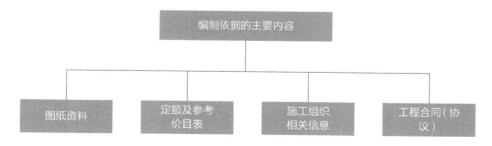

编制依据的主要内容

图纸资料 | 定额及参考价目表 | 施工组织相关信息 | 工程合同（协议）

（1）**图纸资料** 图纸资料是编制预算的主要工作对象，它完整地反映了工程的具体内容，各分部、分项工程的做法、结构尺寸及施工方法，是编制工程预算的重要依据。

（2）**现行预算定额、参考价目表及费用定额** 现行预算定额、单位估价表、费用定额及计价程序，是确定分部、分项工程数量，计算直接费及工程造价，编制工程预算的主要资料。

定额是在合理的劳动组织和合理地使用材料和机械的条件下，预先规定完成单位合格产品所消耗的资源数量的标准。对于每一个施工项目，都要测算出用工量，包括基本工和其他用工。再加上这个项目的材料，包括基本用料和其他材料。对于用工的单价，是当地根据当时不同工种的劳动力价值规定的，材料的价值是根据前期的市场价格制定出来的预算价格。

简单来说，就是根据每一个项目的工料用量，制定出每一个项目的工料合价，按照不同类别，汇总成册，这就是定额。一般来说，自建小别墅用到的主要就是建筑定额，在各地书店都可以买到。

定额的意义在于，对计算出来的工程量可以换算出所需要的材料、人工、机械台班用量。对于自建小别墅而言，由于人工费是已经与承包者商定好的，机械费用也相对可以忽略，主要就是通过定额，能够准确地知道所需的材料用量。

（3）施工组织相关信息　如土石方开挖时，人工挖土还是机械挖土等。对于自建小别墅施工来说，这些信息都比较简单，有些是自己能够理解，有些询问承包商就能够知道。这些资料在工程量计算、定额项目的套用等方面都起着重要作用。

（4）工程合同或协议　工程承包合同是双方必须遵守的文件，其中有关条款是编制工程预算的依据。

二、编制程序

自建小别墅工程预算编制程序及内容见表1-1。

表1-1　自建小别墅工程预算编制程序及内容

编制顺序	主要内容
看图纸	在编制工程预算之前，必须熟悉施工图纸，尽可能详细地掌握施工图纸和有关设计资料，熟悉施工组织流程和现场情况，了解施工方法、工序、操作及施工组织进度。要掌握诸如层数、层高、室内外标高、墙体、楼板、顶棚材质、地面厚度、墙面装饰等工程的做法，对工程的全貌和设计意图有了全面、详细的了解后，才能正确结合各分部分项工程项目计算相应工程量
掌握计算规则	有关工程量计算的规则、规定等，是正确使用计算"三量"的重要依据。因此，在编制工程预算计算工程量之前，必须清楚所列项目包括的内容、使用范围、计量单位及工程量的计算规则等，以便为工程项目的准确列项、计算、套单价做好准备
列项计算工程量	工程预算的工程量，具有特定的含义，不同于施工现场的实物量。工程量往往要综合，包括多种工序的实物量。工程量的计算应以施工图参照计算工程量的有关规定列项、计算

编制顺序	主要内容
查人工和材料	根据计算出来的工程量，套定额算出人工和材料用量
套单价	将工程量计算底稿中的预算项目、数量填入工程预算表中，套相应综合单价，计算工程费用，然后按照一定的比例计算出措施费，最后汇总求出工程预算总费用
汇总成表	工程施工预算书计算完毕后，为了方便大家查阅，应该汇总成清晰的表格，将项目、工程量、单价、总价一一标明清楚，一般做成Excel表格，这样就很清楚明了

三、工程预算的编制方法

工程预算的编制方法有以下两种。

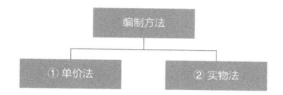

1. 单价法

单价法编制工程预算，是指用事先编制的各分项工程单位估价表来编制工程预算的方法。用根据施工图计算的各分项工程的工程量，乘以单位估价表中相应单价，汇总相加得到工程直接费用，然后再加上措施费等，就可以得出工程预算总费用。图1-1所示即为单价法编制工程预算的步骤。

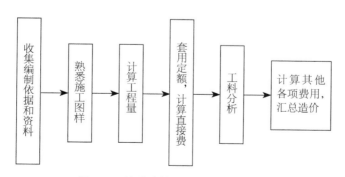

图1-1 单价法编制工程预算的步骤

单价法编制具体步骤如下。

（1）**收集编制依据和资料** 主要有施工图设计文件、材料预算价格、预算定额、单位估价表、工程承包合同等。

（2）熟悉施工图样等资料

（3）计算工程量　正确计算工程量是编制工程预算的基础。

（4）套用定额，计算直接费　工程量计算完毕并核对无误后，用工程量套用单位估价表中相应的定额基价，相乘后汇总相加，便得到工程直接费。

计算直接费的步骤如下：

① 正确选套定额项目；

② 填列分项工程单价；

③ 计算分项工程直接费，分项工程直接费主要包括人工费、材料费和机械费。

$$分项工程直接费=预算定额单价×分项工程量$$

$$其中，人工费=定额人工费单价×分项工程量$$

$$材料费=定额材料费单价×分项工程量$$

$$机械费=定额机械费单价×分项工程量$$

单位工程直接（工程）费为各分部分项工程直接费之和，即

$$单位工程直接（工程）费=\sum 各分部分项工程直接费$$

（5）编制工料分析表　根据各分部分项工程的实物工程量及相应定额项目所列的人工、材料数量，计算出各分部分项工程所需的人工及材料数量，相加汇总即得到该单位工程所需的人工、材料的数量。

（6）计算出措施费，并汇总单位工程造价　单价法具有计算简单、工作量小、编制速度快等优点。但由于采用事先编制的单位估价表，其价格只能反映某个时期的价格水平。在市场价格波动较大的情况下，单价法计算的结果往往会偏离实际价格，造成不能及时准确确定工程造价。

2. 实物法

实物法编制工程预算是先根据施工图计算出的各分项工程的工程量，然后套用预算定额或实物量定额中的人工、材料、机械台班消耗量，再分别乘以现行的人工、材料、机械台班的实际单价，得出单位工程的人工费、材料费、机械费，并汇总求和，得出直接工程费，再加上按规定程序计算出来的措施费等，即得到工程预算价格。这也是自建小别墅最为有效的预算编制办法，流程如图1-2所示。

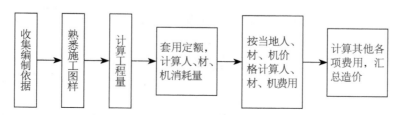

图1-2　实物法编制工程预算的步骤

由图1-2可以看出实物法与单价法的不同主要是中间的两个步骤,具体分析如下。

① 工程量计算后,套用相应定额的人工、材料、机械台班用量。定额中的人工、材料、机械台班标准反映一定时期的施工工艺水平,是相对稳定不变的。

计算出各分项工程人工、材料、机械台班消耗量并汇总单位工程所需各类人工工日、材料和机械台班的消耗量。

$$分项工程的人工消耗量=工程量×定额人工消耗量$$
$$分项工程的材料消耗量=工程量×定额材料消耗量$$
$$分项工程的机械消耗量=工程量×定额机械消耗量$$

② 用现行的各类人工、材料、机械台班的实际单价分别乘以人工、材料、机械台班消耗量,并汇总得出单位工程的人工费、材料费、机械费。

在市场经济条件下,人工、材料和机械台班单价是随市场而变化的,而且是影响工程造价最活跃、最主要的因素。用实物法编制工程预算,采用工程所在地当时的人工、材料、机械台班价格,反映实际价格水平,工程造价准确性高。

第二节　工程预算的快速估算方法

在一些施工因素(例如没有施工图纸、不能确定工程量、对所用材料价格不了解等)不确定的情况下,人们为了能够对工程的成本有个大概的了解往往会使用估算法。所谓的估算,就是通过一些经济指标数值来进行快速的工程造价确定,具体包含以下两种方法。

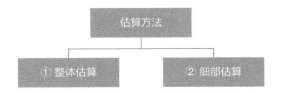

1. 整体估算

整体估算是一种非常粗略的估算,主要就是针对房屋整体的造价水平进行一种类比估算。最通行的办法就是通过了解同类型房屋的总体造价来获得一个基本的数值。例如,周围邻居去年刚建好的楼房,大概花费了20万元,自己也大概要建这么大小的房屋,但是装修可能要稍微好一点,这样,价格可能就在23万元左右。还有就是通过造价指标来进行估算,比如一般的自建小别墅造价指标为1500～2000元/m²,只要知道大概的建筑面积,就能够得出一个基本总价。不过这样的估算,虽然最快,但是误差也比较大,只能作为一开始的初步估计。

2. 细部估算

细部估算就相对准确一点，主要是通过对建筑结构的分解，将一个个项目的价格估算出来，最后再汇总成整体价格。相对而言，这种估算方法要准确得多，当然，过程也会复杂一些。表1-2～表1-5列出了一些小别墅施工过程中可能会用到的价格指标，供大家对比参考。

表1-2　自建小别墅估算人工价格参考

项目	价格/元	单位	备注
模板工程	20～24	m^2	粘灰面
混凝土施工	40～43	m^3	
钢筋	320～430	t	制作及绑扎
钢筋	11～14	m^2	
砌筑	60～75	m^2	
抹灰	8～16	m^2	不扣除门窗洞口，不包括脚手架搭拆
面砖粘贴	18～20	m^2	
室内地面砖	15～18	m^2	600mm×600mm
踢脚线	3～4	m	
室内墙砖	25～30	m^2	包括倒角
石膏板吊顶	20～25	m^2	平棚
铝扣板吊顶	25～30	m^2	平棚
大白乳胶漆	6～8	m^2	
外墙砖	43～52	m^2	
屋面挂瓦	13～16	m^2	
水暖	9～11	m^2	建筑面积
电气照明	6～8	m^2	

表1-3　自建小别墅估算建筑价格参考

项目	价格/（元/m^2）	备注
桩基工程	70～100	
钢筋	160～300	35～40kg/m^2
混凝土	100～165	0.3～0.5m^3/m^2
砌体工程	60～120	

项目	价格/（元/m²）	备注
抹灰工程	25～40	
外墙工程	50～100	包括保温，以一般涂料为标准
室内水电安装工程	60～120	
屋面工程	15～30	
门窗工程	90～150	一般档次，不含进户门。每平方米建筑面积门窗面积为0.25～0.5m²
土方、进户门、烟道	30～150	
地下室	40～100	如果有，增加造价
电梯工程	80～120	一般档次
人工费	130～200	
模板、支撑、脚手架	70～150	
临时设施	30～50	
简单装修	250～350	
精装修	750～1200	

表1-4 砖混结构主要材料用量

材料	用量	
水泥	160kg/m²	
砖	140～160块/m²	
钢筋	18～20kg/m²	
外墙抹灰	0.7～1倍建筑面积	
内墙抹灰	1.7倍建筑面积	
室内抹灰	3～3.4倍建筑面积	
水泥地面抹灰	3m²/袋	
砖墙	60mm	606块/m³
	120mm	552块/m³
	180mm	539块/m³
	240mm	529块/m³
	370mm	522块/m³
	490mm	518块/m³
外墙瓷砖	0.3～0.33倍建筑面积	

表1-5　框架结构主要材料用量

材料	用　量	
水泥	175～190kg/m²	
砖	110～130块/m²	
钢筋	35～40kg/m²	
外墙抹灰	0.7～0.9倍建筑面积	
内墙抹灰	1.7倍建筑面积	
水泥	160kg/m²	
砖	140～160块/m²	
钢筋	18～20kg/m²	
外墙抹灰	0.7～1倍建筑面积	
内墙抹灰	1.7倍建筑面积	
室内抹灰	3～3.4倍建筑面积	
水泥地面抹灰	3m²/袋	
砖墙	60mm	606块/m³
	120mm	552块/m³
	180mm	539块/m³
	240mm	529块/m³
	370mm	522块/m³
	490mm	518块/m³
外墙瓷砖	0.3～0.33倍建筑面积	

第三节　工程量计算规则及实例解析

一、建筑面层计算规则及实例解析

建筑面积是指房屋建筑各层水平面积相加后的总面积。它包括房屋建筑中的使用面积、辅助面积和结构面积三部分，其主要内容见表1-6。

表1-6　建筑面积的组成内容

组成部分	具体内容
使用面积	使用面积是指建筑物各层平面布置中可直接为生产或生活使用的净面积的总和，如生活间、工作间和生产间等的净面积

组成部分	具体内容
辅助面积	辅助面积是指建筑物各层平面布置中为辅助生产或生活使用的净面积的总和，如楼梯间、走道间、电梯井等所占面积
结构面积	结构面积是指建筑物各层平面布置中的墙柱体、垃圾道、通风道、室外楼梯等结构所占面积的总和

1. 建筑面积计算规则

《建筑工程建筑面积计算规范》（GB/T 50353—2013）对建筑工程建筑面积的计算作出了具体的规定和要求，主要包括以下内容。

① 单层建筑物的建筑面积，应按其外墙勒脚以上结构外围水平面积计算，并应符合下列规定：

a. 单层建筑物高度在2.20m及以上者应计算全部面积，高度不足2.20m者应计算1/2面积；

b. 利用坡屋顶内空间时净高超过2.10m的部位应计算全面积；净高1.20～2.10m的部位应计算1/2面积；净高不足1.20m的部位不应计算面积。

> ☞注 建筑面积的计算是以勒脚以上外墙结构外边线计算，勒脚是墙根部很矮的一部分墙体加厚，不能代表整个外墙结构，所以要扣除勒脚墙体加厚的部分。

② 单层建筑物内设有局部楼层者，局部楼层的2层及以上楼层，有围护结构的应按其围护结构外围水平投影面积计算，无围护结构的应按其结构底板水平投影面积计算。层高在2.20m及以上者应计算全面积；层高不足2.20m者应计算1/2面积。

> ☞注 1. 单层建筑物应按不同的高度确定其面积的计算。其高度指室内地面标高至屋面板板面结构标高之间的垂直距离。遇有以屋面板找坡的平屋顶单层建筑物，其高度指室内地面标高至屋面板最低处板面结构标高之间的垂直距离。
>
> 2. 坡屋顶内空间建筑面积计算，可参照《住宅设计规范》（GB 50096—2011）有关规定，将坡屋顶的建筑按不同净高确定其面积的计算。净高指楼面或地面至上部楼板底面或吊顶底面之间的垂直距离。

③ 多层建筑物首层应按其外墙勒脚以上结构外围水平投影面积计算；2层及以上楼层应按其外墙结构外围水平投影面积计算。层高在2.20m及以上者应计算全面积；层高

不足2.20m者应计算1/2面积。

④ 多层建筑坡屋顶内，当设计加以利用时，净高超过2.10m的部位应计算全面积；净高在1.20～2.10m的部位应计算1/2面积；当设计不利用或室内净高不足1.20m时，不应计算面积。

☞ 注　多层建筑坡屋顶内的空间应视为坡屋顶内的空间，设计加以利用时，应按其净高确定其面积的计算。设计不利用的空间，不应计算建筑面积。

⑤ 地下室、半地下室，包括相应的有永久性顶盖的出入口，应按其外墙上口（不包括采光井、外墙防潮层及其保护墙）外边线所围水平面积计算。层高在2.20m及以上者应计算全面积；层高不足2.20m者应计算1/2面积。

⑥ 坡地建筑物吊脚架空层（图1-3）、深基础架空层，设计加以利用并有围护结构的，层高在2.20m及以上的部位应计算全面积；层高不足2.20m的部位应计算1/2面积。设计加以利用、无围护结构的建筑吊脚架空层，应按其利用部位水平面积的1/2计算；设计不利用的深基础架空层、坡地吊脚架空层、多层建筑坡屋顶内的空间不应计算面积。

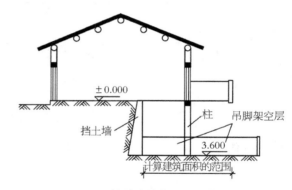

图1-3　坡地建筑物吊脚架空层

⑦ 建筑物的门厅、大厅按一层计算建筑面积。门厅、大厅内设有回廊时，应按其结构底板水平面积计算。层高在2.20m及以上者应计算全面积；层高不足2.20m者应计算1/2面积。

⑧ 建筑物间有围护结构的架空走廊，应按其围护结构外围水平面积计算。层高在2.20m及以上者应计算全面积；层高不足2.20m者应计算1/2面积。有永久性顶盖无围护结构的应按其结构底板水平面积的1/2计算。

⑨ 建筑物外有围护结构的落地橱窗、门斗、挑廊、走廊、檐廊，应按其围护结构外围水平面积计算。层高在2.20m及以上者应计算全面积；层高不足2.2m者应计算1/2面积。有永久性顶盖无围护结构的应按其结构底板水平面积的1/2计算。

⑩ 建筑物顶部有围护结构的楼梯间、水箱间、电梯机房等，层高在2.20m及以上者应计算全面积；层高不足2.20m者应计算1/2面积。注：如遇建筑物屋顶的楼梯间是坡屋顶，应按坡屋顶的相关规定计算面积。

⑪ 设有围护结构不垂直于水平面而超出底板外沿的建筑物，应按其底板面的外围水平面积计算。层高在2.20m及以上者应计算全面积；层高不足2.20m者应计算1/2面积。

⑫ 雨篷结构的外边线至外墙结构外边线的宽度超过2.10m者，应按雨篷结构板水平投影面积的1/2计算。

⑬ 有永久性顶盖的室外楼梯，应按建筑物自然层水平投影面积的1/2计算。

⑭ 建筑物的阳台均应按其水平投影面积的1/2计算。

⑮ 高低联跨的建筑物，应以高跨结构外边线为界分别计算建筑面积；其高低跨内部连通时，其变形缝应计算在低跨面积内。

⑯ 建筑物外墙外侧有保温隔热层的，应按保温隔热层外边线计算建筑面积。

⑰ 建筑物内的变形缝，应按其自然层合并在建筑物面积内计算。

⑱ 下列项目不应计算面积。

a. 建筑物通道（骑楼、过街楼的底层）。

b. 建筑物内设备管道夹层。

c. 建筑物内分隔的单层房间等。

d. 屋顶水箱、花架、凉棚、露台、露天游泳池。

e. 建筑物内的操作平台、上料平台、安装箱和罐体的平台。

f. 勒脚、附墙柱垛、台阶、墙面抹灰、装饰面、镶贴块料面层、装饰性幕墙、空调室外机搁板（箱）、飘窗、构件、配件、宽度在2.10m及以内的雨篷以及与建筑物内不相连通的装饰性阳台、挑廊。

g. 无永久性顶盖的架空走廊，室外楼梯和用于检修、消防等的室外钢楼梯、爬梯。

h. 自动人行道。

2. 建筑面积计算实例解析

【例1-1】 已知某小别墅建在山坡上，如图1-4所示，试求该小别墅的建筑面积。

【解】 $S=(7.44 \times 4.74) \times 2+(2.0+1.6+0.12 \times 2) \times 4.74 \times 1/2=79.63$（$m^2$）

【例1-2】 已知某单层小别墅檐高3.00m，外带有顶盖和柱，但无维护结构的走廊、檐廊，如图1-5所示，试计算其建筑面积。

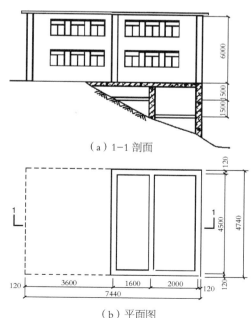

（a）1-1 剖面

（b）平面图

图1-4 某小别墅平面及剖面图

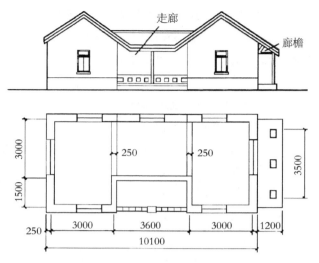

图 1-5　带走廊的单层小别墅

【解】　$S_{廊}$＝（3.6－0.25）×1.5×1/2＋1.2×4.5×1/2＝5.21（m²）

二、装饰装修工程计算规则及实例解析

1. 楼地面工程

（1）**整体面层**　水泥砂浆楼地面、现浇水磨石楼地面按设计图示尺寸以面积计算，应扣除突出地面构筑物、设备基础、地沟等所占面积，不扣除柱、垛、间壁墙、附墙烟囱及面积在0.3m²以内的孔洞所占面积，但门洞、空圈、暖气包槽的开口部分也不增加，计量单位为"m²"。

（2）**块料面层**　天然石材楼地面、块料楼地面按设计图示尺寸以面积计算，不扣除0.1m²以内的孔洞所占面积，计量单位为"m²"。

（3）**橡塑面层**　按设计图示尺寸以面积计算，不扣除0.1m²以内的孔洞所占面积，计量单位为"m²"，如橡胶板楼地面、橡胶卷材楼地面、塑料板楼地面、塑料卷材楼地面。

（4）**其他材料面层**　按设计图示尺寸以面积计算，不扣除0.1m²以内的孔洞所占面积，计量单位为"m²"，如铺设地毯、铺设木地板、铺设竹地板、防静电活动地板、不锈钢复合地板。

（5）**踢脚线**　按设计图示长度乘高度以面积计算，计量单位为"m²"，如水泥砂浆踢脚线、石材踢脚线、现浇水磨石踢脚线、塑料板踢脚线、木质踢脚线、金属踢脚线、防静电踢脚线。

踢脚线砂浆打底与墙柱面抹灰不得重复计算，即墙柱面设计要求抹灰时，其踢脚线可以不考虑砂浆打底。

（6）**楼梯装饰**　按设计图示尺寸以楼梯（包括踏步、休息平台以及500mm以内的楼梯井）水平投影面积计算，计量单位为"m²"，如天然石材楼梯面，块料楼梯面，水泥砂浆楼梯面，现浇水磨石楼梯面，楼梯铺设地毯、木板楼梯面等。

（7）**扶手、栏杆、栏板装饰**　按设计图示扶手中心线以长度计算，不扣弯头所占长度，计量单位为"m"，如金属扶手带栏杆、栏板，硬木扶手带栏杆、栏板，塑料扶手带栏杆、栏板，金属靠墙扶手，硬木靠墙扶手，塑料靠墙扶手等。扶手、栏杆、栏板适用于楼梯、阳台、走廊、回廊及其他装饰性栏杆、栏板。

（8）**台阶装饰**　按设计图示尺寸以水平投影面积计算，计量单位为"m²"，如天然石材台阶面、块料台阶面、水泥砂浆台阶面、现浇水磨石台阶面。

（9）**零星装饰项目**　按设计图示尺寸以面积计算，计量单位为"m²"，如天然石材零星项目、碎拼石材零星项目、块料零星项目、水泥砂浆零星项目等。零星装饰适用于小面积少量分散的楼地面装修。

2. 楼地面工程计算实例解析

【例1-3】已知图1-6所示为某建筑的平面图。其地面做法为：C20细石混凝土找平层厚60mm，1:2.5水泥色石子水磨石面层20mm厚，15mm×2mm铜条分隔，距墙边300mm范围内按纵横1m宽分隔。试计算其地面工程量。

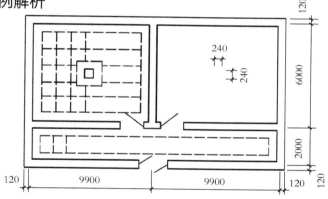

图1-6　某建筑楼地面平面图

【解】　找平层工程量＝（9.9-0.24）×（6-0.24）×2＋（9.9×2-0.24）×（2-0.24）=145.71（m²）

白水泥色石子水磨石面层（20mm厚）工程量=145.71m²

铜条单间总长度＝（9.90-0.24-0.3-0.3）×［（6.00-0.24-0.3-0.3）/1.00+1］＋（6.00-0.24-0.3-0.3）×［（9.90-0.24-0.3-0.3）/1.00+1］-0.84×2=9.06×6+5.16×10=105.96（m）

3. 墙柱面工程

（1）**墙面抹灰**

① 墙面一般抹灰。按设计图示尺寸及垂直投影面积计算，计量单位为"m²"。外墙按抹灰面垂直投影面积计算，内墙面抹灰按室内地面（或墙裙顶面）至顶棚底面计算，应扣除门窗洞口和0.3m²以上孔洞所占的面积。内墙抹灰不扣除踢脚线、挂镜线及0.3m²以内的孔洞和墙与构件交接处的面积，但门窗洞口、孔洞的侧壁面积也不增加。附墙柱的侧面抹灰并入墙面抹灰工程量内计算。

② 墙面装饰抹灰、墙面拉条灰、墙面甩毛灰、墙面勾缝。按设计图示尺寸及垂直投影面积计算，计量单位为"m²"。外墙按抹灰面垂直投影面积计算，内墙面抹灰按室内地面（或墙裙顶面）至顶棚底面计算，应扣除门窗洞口和0.3m²以上孔洞所占的面积。内墙抹灰不扣除踢脚线、挂镜线及0.3m²以内的孔洞和墙与构件交接处的面积，但门窗洞口、孔洞的侧壁面积亦不增加。附墙柱的侧面抹灰应并入墙面抹灰工程量内计算。墙面勾缝按垂直投影面积计算，应扣除墙裙和墙面抹灰面积，不扣除门窗洞口、门窗套、腰线等零星抹灰所占的面积，附墙柱和门窗洞口侧面勾缝面积亦不增加。与墙面同材质的踢脚线，或踢脚线已列入墙面、墙裙项目内的，踢脚线不再单独列项目。

（2）柱面抹灰　按设计图示尺寸以面积计算，计量单位为"m²"，包括柱面一般抹灰、柱面装饰抹面、柱面勾缝等。

（3）零星抹灰　按设计图示尺寸展开面积计算，计量单位为"m²"，如零星项目一般抹灰、零星项目装饰抹灰。零星抹灰和块料面层适用于小面积少量分散的抹灰和块料面层。

（4）墙面镶贴块料

① 按设计图示尺寸以面积计算，计量单位为"m²"，如天然石材墙面、碎拼石材墙面、块料墙面等。

② 干挂石材钢骨架按设计图示尺寸以质量计算，计量单位为"t"。

（5）柱面镶贴块料　天然石材柱面、碎拼石材柱面、块料柱面按设计图示尺寸以实贴面积计算，计量单位为"m²"。

（6）零星镶贴块料　按设计图示尺寸以展开面积计算，计量单位为"m²"，如天然石材零星项目、碎拼石材零星项目、块料零星项目。

① 装饰板墙面。按设计图示墙净长乘以净高以面积计算，扣除门窗洞口及0.3m²以上的孔洞所占面积，计量单位为"m²"。

② 装饰板柱（梁）面。按设计图示外围饰面尺寸乘以平方米计算，计量单位为"m²"，柱帽、柱墩工程量并入相应柱面积内计算，计量单位为"m²"。

③ 隔断。按设计图示尺寸以框外围面积计算，扣除0.3m²以上的孔洞所占面积，浴厕隔断门的材质相同者，其门的面积不扣除，并入隔断内计算，计量单位为"m²"。

④ 幕墙。按设计图示尺寸以幕墙外围面积计算，带肋全玻幕墙其工程量按展开尺寸以面积计算，计量单位为"m²"。设在玻璃幕墙、隔墙上的门窗，可包括在玻璃幕墙、隔墙项目内，但应在项目中加以注明。

4. 墙柱面工程计算实例解析

【例1-4】已知图1-7所示为某建筑平面图，墙厚240mm，室内净高3.9m，洞口尺寸1500mm×2700mm，内墙中级抹灰。试计算南立面内墙抹灰工程量。

【解】 南立面内墙抹灰工程量=墙面工程量+柱侧面工程量-门洞工程量

内墙面净长=5.1×3-0.24=15.06（m）

柱侧面工程量=0.16×3.9×6

=3.744（m²）

门洞口工程量=1.5×2.7×2

=8.1（m²）

墙面抹灰工程量=15.06×3.9+3.744-8.1=58.734+3.744-8.1=54.38（m²）

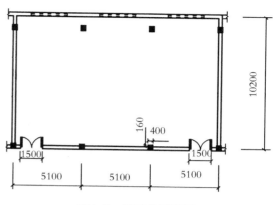

图1-7 某建筑平面图

5. 顶棚工程

（1）顶棚抹灰 按设计图示尺寸以面积计算，不扣除间壁墙、垛、柱、附墙烟囱、检查口和管道所占的面积。带梁顶棚、梁两侧抹灰面积并入顶棚内计算；板式楼梯底面抹灰按斜面积计算；锯齿形楼梯底板按展开面积计算，计量单位为"m²"。

（2）顶棚装饰

① 灯带。按设计图示尺寸框外围面积计算，计量单位为"m²"。

② 送风口、回风口。按设计图示规定数量计算，计量单位为"个"。

③ 采光玻璃大棚。按设计图示尺寸框外围水平投影以面积计算，计量单位为"m²"。

（3）顶棚吊顶

① 顶棚面层。按设计图示尺寸以面积计算，顶棚面中的灯槽、跌级、锯齿形、吊挂式、藻井式展开增加的面积不另计算，不扣除间壁墙、检查洞、附墙烟囱、柱垛和管道所占面积，应扣除0.3m²以上孔洞、独立柱及与顶棚相连的窗帘盒所占的面积，计量单位为"m²"。

② 格栅吊顶。按设计图示尺寸主墙间净空以面积计算，计量单位为"m²"。

③ 藤条造型悬挂吊顶、网架（装饰）吊顶。按图示尺寸水平投影以面积计算，计量单位为"m²"。

④ 织物软雕吊顶。按设计图示尺寸主墙间净空以面积计算，计量单位为"m²"。

☞**注** 顶棚检查孔、检修走道、灯槽包括在相应顶棚清单项目中，不单独列项目；顶棚形式有平面、跌级、锯齿形、阶梯形、吊挂式、藻井式以及矩形、圆弧形、拱形等。顶棚设置保温隔热或吸音层应按"建筑工程"相应项目列项。

6. 门窗工程

① 门窗均按设计规定数量计算，计量单位为"樘"，如木门、金属门、金属卷帘门、其他门、木窗、金属窗等。

② 门窗套按设计图示尺寸以展开面积计算，计量单位为"m²"。

③ 窗帘盒、窗帘轨、窗台板按设计图示尺寸以长度计算，计量单位为"m"。

④ 门窗五金安装按设计数量计算，计量单位为"个"。

7. 油漆、涂料、裱糊工程

① 门窗油漆按设计图示数量计算，计量单位为"樘"。

② 木扶手油漆按设计图示尺寸以长度计算，计量单位为"m"。

③ 木材面油漆按设计图示尺寸以面积计算，计量单位为"m²"。

④ 木地板油漆、木地板烫硬蜡面按设计图示尺寸以面积计算，不扣除0.1m²以内孔洞所占的面积，计量单位为"m²"。

⑤ 金属面油漆按设计图示构件以重量计算，计量单位为"t"。

⑥ 抹灰面油漆按设计图示尺寸以面积计算，计量单位为"m²"。

⑦ 喷塑、涂料、裱糊按设计图示尺寸以面积计算，计量单位为"m²"。

⑧ 空花格、栏杆刷白水泥，空花格、栏杆刷石灰油浆，空花格、栏杆刷乳胶漆，按设计图示尺寸以外框单面垂直投影面积计算，计量单位为"m²"。

⑨ 线条刷白水泥浆、石灰油浆、红土子浆、乳胶漆等，按线条设计图示尺寸以长度计算，计量单位为"m"。

第四节 小别墅成本控制小技巧

小别墅的成本主要由人工费、材料费、机械费等组成，想把小别墅的成本费用降低就应该严格把控工程量的计算和审核。

1. 明确工程量的计算步骤

计算工程量一般按以下步骤进行。

（1）划分计算项目 要严格按照施工图示的工程内容和预算定额的项目，确定计算分部、分项工程项目的工程量，为防止丢项、漏项，在确定项目时应将工程划分为若干个分部工程，在各分部工程的基础上再按照定额项目划分各分项工程项目。

（2）计算工程量 根据一定的计算顺序和计算规则，按照施工图示尺寸及有关数据进行工程量计算。工程量单位应与定额计量单位一致。

2. 计算实物工程量的技巧

（1）必须口径一致 施工图列出的工程项目（工程项目所包括的内容及范围）必须

与计量规则中规定的相应工程项目一致，才能准确地套用工程量单价。计算工程量除必须熟悉施工图纸外，还必须熟悉计算规则中每个项目所包括的内容和范围。

（2）**必须按工程量计算规则计算** 工程量计算规则是综合和确定各项消耗指标的基本依据，也是具体工程测算和分析资料的准绳。

（3）**必须按图纸计算** 工程量计算时，应严格按照图纸所注尺寸进行计算，不得任意加大或缩小、任意增加或减少，以免影响工程量计算的准确性。图纸中的项目，要认真反复清查，不得漏项和余项或重复计算。

（4）**必须列出计算式** 在列计算式时，必须部位清楚，详细列项标出计算式，注明计算结构构件的所处位置和轴线，并保留工程量计算书，作为复查依据。工程量计算应力求简单明了、醒目易懂，并要按一定的次序排列，以便审核和校对。

（5）**必须计算准确** 工程量计算的精度将直接影响工程造价确定的精度，因此数量计算要准确。一般规定工程量的精确度应按计算规则中的有关规定执行。

（6）**必须计量单位一致** 工程量的计量单位，必须与计算规则中规定的计量单位相一致，才能准确地套用工程量单价。有时由于所采用的制作方法和施工要求不同，其计算工程量的计量单位是有区别的，应予以注意。

（7）**必须注意计算顺序** 为了计算时不遗漏项目，又不产生重复计算，应按照一定的顺序进行计算。例如，对于具有单独构件（梁、柱）的设计图纸，可按如下的顺序计算全部工程量。首先，将独立的部分（如基础）先计算完毕，以减少图纸数量；其次，再计算门窗和混凝土构件，用表格的形式汇总其工程量，以便在计算砖墙、装饰等工程项目时运用这些计算结果；最后，按先水平面（如楼地面和屋面）、后垂直面（如砌体、装饰）的顺序进行计算。

（8）**力求分层分段计算** 要结合施工图纸尽量做到结构按楼层，内装修按楼层分房间，外装修按从地面分层施工计算。这样，在计算工程量时既可避免漏项，又可为编制工料分析和安排施工进度计划提供数据。

（9）**必须注意统筹计算** 各个分项工程项目的施工顺序、相互位置及构造尺寸之间存在内在联系，要注意统筹计算顺序。例如，墙基沟槽挖土与基础垫层，砖墙基础、墙体防潮层，门窗与砖墙及抹灰等之间的相互关系。通过了解这种存在的内在关系，寻找简化计算过程的途径，以达到快速、高效之目的。

（10）**必须自我检查复核** 工程量计算完毕后，检查其项目、计算式、数据及小数点等有无错误和遗漏。

第二章

小别墅的设计

第一节　小别墅的设计原则

住宅不仅要为居住者提供居住的空间和场所，还需要创造良好的居住环境，以满足居住者的生活和心理需求。广大农村和小城镇的业主在建房时，进行住宅选型和设计时必须遵循如下原则。

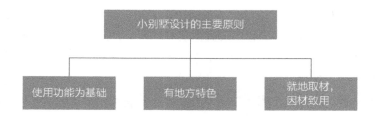

1．以使用功能为基础

在选型和设计时，应根据建房者所建住宅的实际功能来确定。一般情况下，一套完整住宅主要由住房及院落两部分组成。住房又包括堂屋、卧室、厨房、杂屋等房间。

2．有鲜明的地方特色

当地经过千百年发展起来的房屋形式，一定是有其道理的，在设计住宅时，必须结合当地的地理位置、自然条件及气候环境，以及本地的文化传统来进行。

3．就地取材，因材致用

建造房屋必须考虑建筑用材的问题。建房时的地基基础用材、墙体用材、屋面用材是住宅建设的主要用材。这些材料有着不同的用途和特性。所以，在设计小别墅时，一定要把建筑材料的选择纳入设计的范畴。如多山的地区，可把石材作为首选用材；而盛产木材和竹子的地区，则应多考虑木材和竹子的应用。

第二节　小别墅平面设计及实例

一、住宅户型及功能布局

自建小别墅在进行选型、设计时，户型、结构和规模是决定住宅套型的三要素。除每个住户均必备的基本生活空间外，各种不同的住宅类型还要求有不同的附加功能空间；而住户结构的繁简和住户规模的大小则是决定住宅功能空间数量和尺寸的主要依据。

现在四世同堂居住在一起的不常见了，一般都是两代或者三代人住在一起。人口多在3～6人。通常情况下，小别墅的基本功能布局有门厅、起居室、餐厅、卧室、厨房、浴室、储藏室，并应有附加的杂屋、厕所、晒场等空间和场所。当人口为3～4人时，一般设2～3个卧室；当人口为4～6人时，根据需求通常设3～5个，甚至6个卧室。图2-1所示为常见的两层别墅户型示意图，图2-2所示为常见的三层别墅户型示意图。如果是经商或者自办小作坊的业主，还可根据实际需要增加其他功能用房。

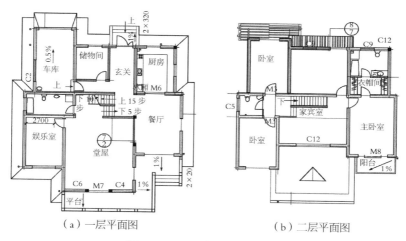

（a）一层平面图　　　　（b）二层平面图

图2-1　两层别墅户型示意图

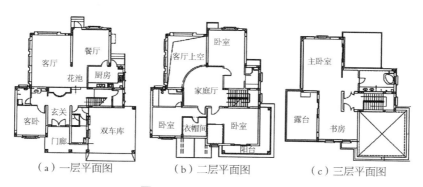

（a）一层平面图　　　（b）二层平面图　　　（c）三层平面图

图2-2　三层别墅户型示意图

二、不同房间的平面设计

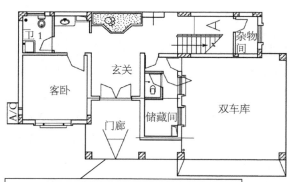

门厅设计小常识：门厅的地面应以容易打扫、清洗和耐磨为原则。门厅最好是单独设置，也可以是大空间中相对独立的一部分。

图2-3　门厅布置图

1．门厅

在以往的设计中，不少自建房都不设门厅（图2-3），进门直接是堂屋，这样一来，就没有了内外空间的过渡。按照合理、文明的居住要求，在房屋的设计中，门厅是必不可少的一个功能空间。这样，换鞋、更衣以及存放雨具等就有了内外的过渡空间，同时还起到屏障及缓冲的作用。

2．客厅/堂屋

与城市住宅不同的是，自建小别墅客厅可能要多于城市住宅的客厅数量，一般底层设计一个，上面各层还会有设置。

（1）底层客厅设计

在农村和小城镇中，底层客厅一般也称为堂屋，如果有三间房的话，常置于中间房中，客厅中置有一个好处，就是可以利用客厅为中心来组织交通，应当说这样设计具有一定的合理性，如图2-4所示。

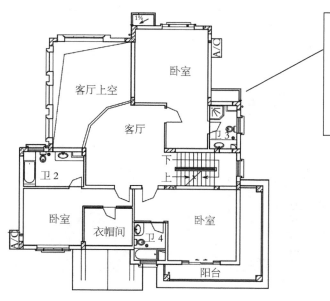

底层客厅布置小常识：底层客厅是家庭第一重要的功能空间，是对外展示和交流的窗口，也是家庭成员交流的地方。底层客厅经常会用来操办婚丧嫁娶之用，所以空间面积相对而言要大一些，但对于自建小别墅来说，由于建筑技术等方面的限制，最大开间一般采用的边长为4～5m。

图2-4　客厅布置图

　　底层客厅在设计中，不少人喜欢采用复式设计，就是两层房子的高度作一层用，去掉上面的一层楼板，这样处理确实有一种高堂大殿的感觉，在高档别墅中也并不少见，如图2-5所示。但对于普通老百姓来说就不是很实用了，能耗也较高，例如开个空调，也得耗费较多的电量。

　　底层客厅还有一种地坪下沉式的设计手法（图2-6），一般下沉两个踏步，这样一来，客厅层高会稍微高一些，其他空间稍低一些，也有其合理性。但这种设计对于家中有老人的就不是很好，因为有了这两个踏步，对老人行走会很不方便。

图2-5　复式设计

图2-6　地坪下沉式设计

　　还有一种错层设计手法（图2-7），就是利用楼梯平台标高（一般半层）位置做成前后或左右错开半层的设计，这种设计如果处理得好，能充分结合利用高低不平的地形，是一个非常不错的设计方法。这种形式在实际设计中不太常见，主要原因是对于自建房主，还有施工队伍的技术水平而言，这种形式的设计和施工难度相对大了一些。

图2-7　错层设计

（2）上层客厅的设计

　　上层客厅其实功能上就是满足家庭内部人员日常生活的公共活动地方，面积可大可小，一般均有配置，作为交通中心，上层客厅一般需要设计观景阳台（图2-8），这时阳台可以完全与客厅连通（没有隔墙），这种设计一般在客厅面积不是太大的情况下常见。

3. 厨房

（1）厨房的平面布置

一般厨房的平面布置大致有三种类型。

① 厨房与其他房间组合在一起，它的特点是布置在住房之内，使用起来较为方便。这种布置对还在使用土灶的厨房不适用，最大缺点就是通风系统不良时，家里易被烟气污染。

② 厨房与住宅相毗连。它的特点是布置在住房外与居室毗连，与居室联系方便，不受雨雪天气的影响，对卧室污染程度小。这种布局较为理想。

③ 烧柴类的厨房应该在院中独立建造。它的特点是布置在住房外与居室分开，这样可避开烟气对居室的影响。缺点是占地面积大，并且雨雪天气时使用不便。

图2-8 观景阳台

（2）厨房的功能布置

厨房的布置应按照储、洗、切、烧的工艺流程进行科学布置，并且要按现代生活要求及不同的燃料、不同的民族习俗等具体条件配置厨房设施。

① 单、双排布局。除洗切、烹调等主要操作空间外，厨房内应设附属储藏间，用来储藏粮食、蔬菜及燃料。厨房中的功能布局可视具体条件采取单排平面布置、双排平面布置，如图2-9和图2-10所示。

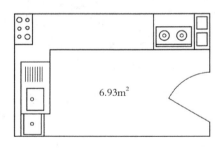

图2-9 单排平面布置

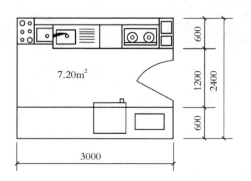

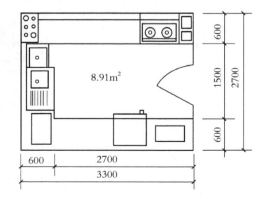

图2-10 双排平面布置

② 双灶台厨房。农村使用的燃料主要有煤、柴、气三种。北方农村一般采用烧煤和烧柴同时并存的双灶台厨房，一个灶台用来做饭，另一个灶台用来烧炕，如图2-11所示。

③ 待客式厨房。这种厨房面积应适当扩大，可以摆放小餐桌，作为特殊情况下个别人临时用餐。全家的正式就餐应在专用餐厅。

在自建小别墅的设计中，厨房的通风和采光经常容易被忽略。厨房通风的重要性源于中国菜的烹饪方式，厨房中的油烟如果不及时排出，对健康会有很大的损害。自建小别墅厨房通风设计的第一要点就是要有直接对外的墙面，开一扇大小合适的窗户，就连带采光问题一并解决了。需要注意的是，在设计时要考虑当地的常年风向，不要出现油烟倒灌的现象，也不要出现排到室外的油烟又被风吹回室内的尴尬情况。

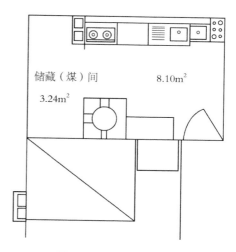

储藏（煤）间　　　　8.10m²
3.24m²

图2-11　双灶台示意图

4. 餐厅

以前农村和小城镇的自建房，一般家庭是不设餐厅的。但随着经济收入的不断提高，生活方式的不断进步，现在大多数自建小别墅都会考虑在住宅建设中设置专用的餐厅，如图2-12所示。

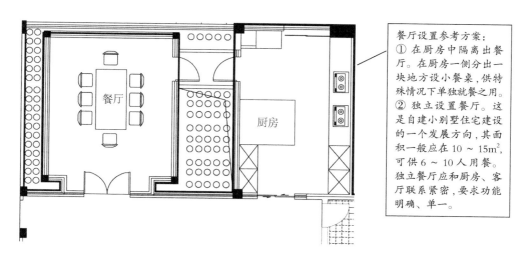

餐厅设置参考方案：
① 在厨房中隔离出餐厅。在厨房一侧分出一块地方设小餐桌，供特殊情况下单独就餐之用。
② 独立设置餐厅。这是自建小别墅住宅建设的一个发展方向，其面积一般应在10～15m²，可供6～10人用餐。独立餐厅应和厨房、客厅联系紧密，要求功能明确、单一。

图2-12　餐厅示意图

5. 卧室

卧室布置的主要内容见表2-1。

表2-1　卧室布置的主要内容

布置要点	具 体 内 容
卧室数量	一般来说，自建小别墅的卧室数量要多于城市的住宅。除了地域经济的差异、居住习惯的不同，很重要的一点就在于自建房设置卧室成本较低。自建住宅卧室的数量可根据家庭人员构成情况而定，以3～4间为宜，房屋设置过多也是一种浪费
卧室位置设计	一般底层必须有一个老人用的卧室位置，在一层便于老人活动，也安全。还有一个重要的原因是，底层房间由于有地气的作用，有冬暖夏凉的好处。其他的卧室可以设计在上层，主卧室一般设计在朝南的位置，其他卧室也应当按照尽可能好的朝向设计。卧室还要注意规避噪声的侵扰，如果景观环境很差的也要规避
主卧室设计	自建小别墅的卧室一般会相对大一些，通常开间在3.6～3.9m，北方地区也不宜太大，有3.3m左右即可，进深宜取4.8～5.1m为宜。也有高档一些的别墅主卧室面积很大，有条件的主卧室宜专配一个卫生间、一个步入式衣柜、专用生活阳台或露台
次卧室设计	一户人家，最恰当的卧室设计是大中小结合配套，才是最经济合理的，次卧室又可细分为中和小两种。小卧室可以做得很小，甚至于可以和日式的榻榻米结合起来设计，既当地又当床
卧室私密性设计	卧室是一个需要私密的空间，有条件的可以采用书房等功能空间作套间来增加卧室的私密性，卧室门的开户方式也对卧室私密性有一定的影响，门到底是内开还是外开，有时移门可能比平开门更私密一些

6. 卫生间

自建小别墅的卫生间设计有其特有的特点，现在的自建房一般以两层楼房居多，一般一层必须要设置一个卫生间，二层可以设置一个或两个卫生间。

（1）一楼卫生间的设计　一楼卫生间的设计最好要靠近卧室布置，这是一个基本原则，因为卫生间布置宜按照房主家庭人员使用为主，客人使用为辅。

一层卫生间设计时应当充分考虑到老年人的生活习性（一般考虑老年人在楼下居住），所以一定要有坐便器，甚至可以按照老年人的卫生间使用标准来设计。在设计时，有必要在一楼卫生间设置一个洗衣机的位置。一楼卫生间常有布置在楼梯下面的，这时要注意楼梯下面的净高要保证最少2m。一楼卫生间门不可正对房子进入口的大门，也不宜正对餐桌和厨房，一楼卫生间的窗也宜设计得高一些。

（2）上层卫生间的设计　一般主卧室和子女房以及客房均安置在上层，所以卫生间设计也必须按方便卧室使用的原则来设计。经济基础不宽裕的家庭可以配置一个卫生间，这时宜按靠近主卧室布置。经济基础较好的家庭一般设计两个卫生间，一个主卧室专用，另一个公用。高档别墅可以按每个卧室一个卫生间来配置，另外再配置一个公共卫生间。

　　主卧室专用卫生间一般可配置坐便器和淋浴房或浴缸等，卫生间面积空间要充分考虑到女性生活的方便性。另一个公用卫生间，宜配置蹲便器和一个淋浴喷头。公共卫生间的各功能空间宜分隔开来单独使用为好。

　　在设计规范中规定卫生间的开间最小为1.6m，但是自建小别墅的卫生间可以设计得更宽敞一些，可以按最小1.8m或2m以上考虑。有条件的还可在卫生间外侧套置一个挂衣服的空间，这样可以让卫生间距卧室远一点，在深夜使用卫生间时发出的响声对主人的影响也可少一些。

　　自建小别墅的卫生间还要考虑靠近厨房和化粪池。在布置下层卫生间时要考虑到上层卫生间的布置，最好上下对齐，这样可以节约管道，方便上下水。上层布置卫生间时不宜布置在厨房、餐厅的上方。卫生间宜按设在采光、通风条件相对较差的北侧或东西侧区域，一般不宜设计在南侧，卫生间尽量采用直接对外采光。

三、小别墅平面设计实例

　　下面是一个二层小别墅的平面设计图（图2-13～图2-15），可供自建小别墅业主或小别墅设计人员参考。

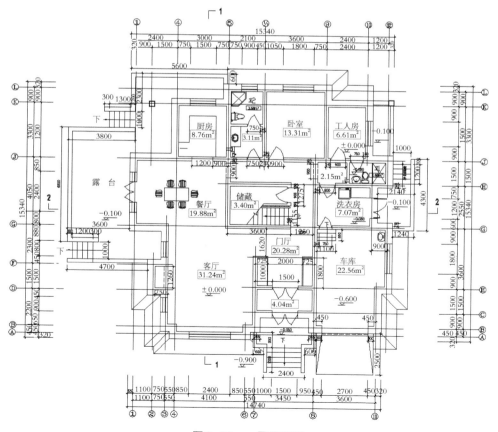

图2-13　一层平面图

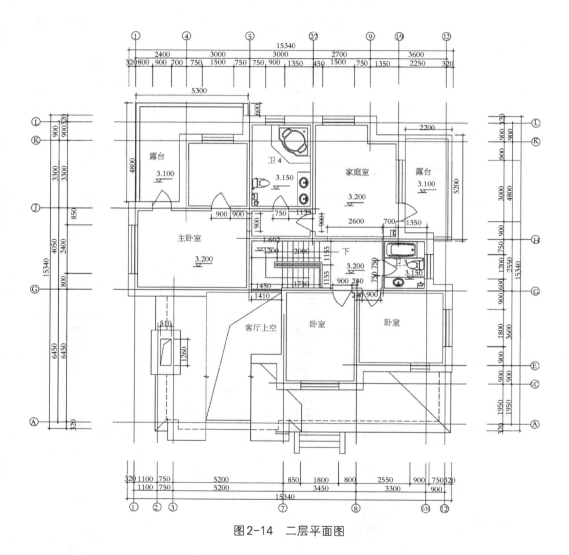

图2-14 二层平面图

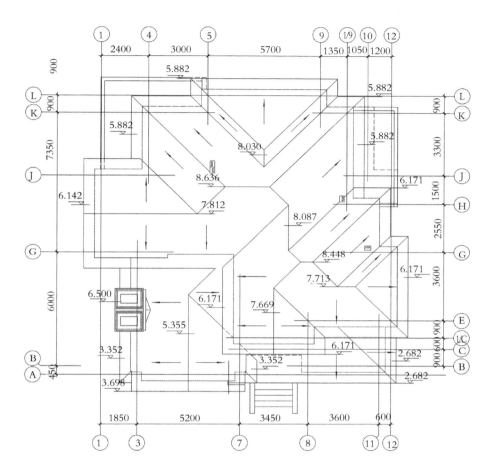

图2-15　屋顶平面图

第三节　小别墅立面设计及实例

一、自建小别墅立面的选型

自建小别墅在满足使用要求的同时，它的体型、立面，以及内外空间组合等，还要努力追求一种美的享受。

住宅内部空间的组合方式是确定外部体型的主要依据。因此，在平面、剖面的设计过程中，就需要综合包括美观在内的多方面因素，考虑到建筑物可能具有外部形象的造型效果，使房屋的体型在满足使用要求的同时，尽可能完整、均衡。

对于自建小别墅而言，外观组合方式无外乎就是对称（图2-16）和不对称（图2-17）两种。

图2-16 对称组合

图2-17 不对称组合

对称的房屋体型有明确的中轴线，建筑物各部分组合体的主从关系分明，形体比较完整；不对称的房屋体型特点是布局比较灵活自由，能适应功能关系复杂，或不规则的基地形状。相对而言，不对称的房屋体型容易使建筑物取得舒展、活泼的造型效果。

建筑物的外观还需要注意与周围环境、道路的呼应、配合，要考虑地形、绿化等基地环境的协调一致，使建筑物在基地环境中显得完整统一、配置得当。

自建小别墅立面选型要点如下。

（1）注重尺度和比例的协调性 小别墅的尺度正确、比例协调是使立面完整统一的重要因素，如图2-18所示。

（2）掌握节奏的变化和韵律感 韵律是最简单的重复形式，它是在均匀交替一个或一些因素的基础上形成，在小别墅的外观上表现为窗、窗间墙、门洞等按韵律的布置，如图2-19所示。

（3）掌握虚实的对比和变化 小别墅建筑立面的虚实对比，通常是指由于形体的凹凸的光影效果所形成的比较强烈的明暗对比关系。例如小别墅实墙面较大，门窗洞口较小，常会使人感到后视的封闭；相反，门窗洞口较大，实墙面较小，会让人感到轻巧和舒畅，如图2-20所示。

图2-18 小别墅立面尺度和比例的协调性

图2-19 小别墅立面的韵律感

图2-20　小别墅外立面的虚实变化和对比

（4）注意材料的色彩和质感　一般来说，粗糙的混凝土或砖石外立面，会显得较为厚重；光滑的面砖以及使用金属、玻璃等材质的外立面，会让人感觉比较轻巧；白色或浅色调为主的外立面，使人感觉清新、明快；相反，深色为主的外立面就会显得端庄、稳重，如图2-21所示。

图2-21　小别墅外立面的材料及质感

二、小别墅立面设计实例

下面是一个二层小别墅的立面设计图（图2-22和图2-23），可供自建小别墅业主或小别墅设计人员参考。

图2-22　某二层小别墅正立面图

图2-23　某二层小别墅侧立面图

第四节 小别墅细部构造设计及实例

随着人们生活水平的日益提高，传统的小别墅建筑已经不能满足人们的所需，一些小别墅业主在设计施工时不但要满足基本的使用功能，还对小别墅的细部构造提出了更高的要求，这些细部构造主要体现在雨篷、阳台、门窗装饰等方面。

1. 雨篷设计及实例

雨篷（图2-24）是设置在建筑物进出口上部的遮雨、遮阳篷。建筑物入口处和顶层阳台上部用以遮挡雨水和保护外门免受雨水浸蚀的水平构件。雨篷梁是典型的受弯构件。雨篷有三种形式：①小型雨篷，如悬挑式雨篷、悬挂式雨篷；②大型雨篷，如墙或柱支承式雨篷，一般可分为玻璃钢结构和全钢结构；③新型组装式雨篷。

雨篷设计小技巧：雨篷柱的装饰可采用涂料涂刷、石膏造型，还可以使用石材等材料进行铺贴装饰。

图2-24 小别墅雨篷

图2-25和图2-26为某小别墅雨篷的设计图。

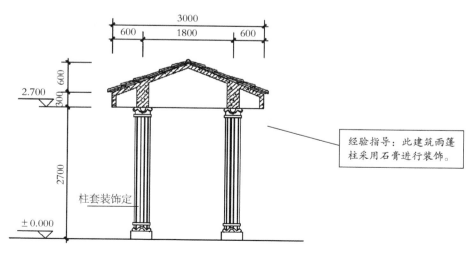

经验指导：此建筑雨篷柱采用石膏进行装饰。

图2-25 雨篷正立面图

31

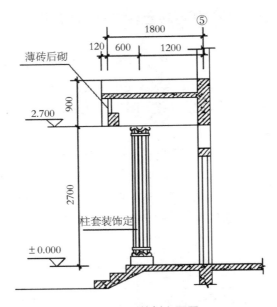

图2-26 雨篷侧立面图

2. 阳台设计及实例

阳台（图2-27）是建筑物室内的延伸，是居住者呼吸新鲜空气、晾晒衣物、摆放盆栽的场所，其设计需要兼顾实用与美观的原则。阳台一般有悬挑式、嵌入式、转角式三类。阳台不仅可以使居住者接受光照、吸收新鲜空气、进行户外锻炼、观赏、纳凉、晾晒衣物，如果布置得好，还可以变成宜人的小花园，使人足不出户也能欣赏到大自然中最可爱的色彩，呼吸到清新且带着花香的空气。

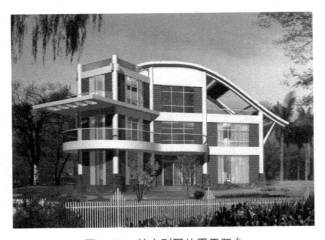

图2-27 某小别墅的露天阳台

小别墅阳台设计的主要原则见表2-2。

表2-2　小别墅阳台设计的主要原则

设计要点	具 体 内 容
照明不可少	在夜间有可能在阳台收下白天晾晒的衣服。所以，即便是室外，也要安装灯具。灯具可以选择壁灯和草坪灯之类的专用室外照明灯。喜欢夜夜乘凉的感觉，也可以选择冷色调的灯；喜欢温暖感觉的则可用紫色、黄色、粉红色的照明灯
插座要预留	如果想在阳台上进行更多活动，譬如在乘凉时看看电视，那么在装修时就要留好电源插座
排水要顺畅	未封闭的阳台遇到暴雨会大量进水，所以地面装修时要考虑水平倾斜度，保证水能流向排水孔，不能让水对着房间流，安装的地漏要保证排水顺畅
遮阳要重视	为了防止夏季强烈阳光的照射，可以利用比较坚实的纺织品做成遮阳篷。遮阳篷本身不但具有装饰作用，而且还可遮挡风雨。遮阳篷也可用竹帘、窗帘来制作，应该做成可以上下卷动的或可伸缩的，以便按需要调节阳光照射的面积、部位和角度

图2-28和图2-29为某小别墅阳台的设计图。

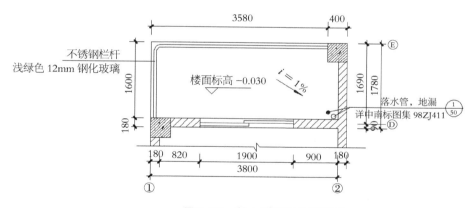

图2-28　某小别墅阳台平面图

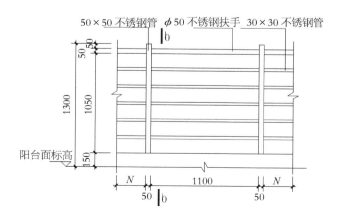

图2-29　某小别墅阳台立面图

3. 门窗装饰

小别墅的门窗（图2-30）装饰一般采用直接涂刷涂料或用石膏造型等方法。

图2-31和图2-32为某小别墅门窗的设计图。

图2-30 采用石膏造型的窗

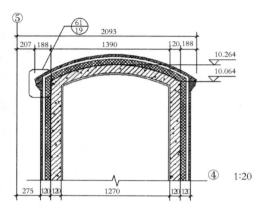

图2-31 某小别墅大门设计图

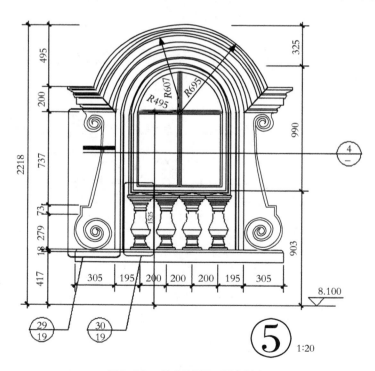

图2-32 某小别墅石膏造型窗

第五节　建筑施工图识读

一、施工图的识图流程

施工图的识图程序一般为：

1. 熟悉工程平面结构

① 建筑工程施工平面图一般有三道尺寸，第一道尺寸是细部尺寸，第二道尺寸是轴线间尺寸，第三道尺寸是总尺寸。

② 检查第一道尺寸相加之和是否等于第二道尺寸、第二道尺寸相加之和是否等于第三道尺寸，并留意边轴线是否是墙中心线。识读工程平面图尺寸，先识读建施平面图，再识读本层结施平面图，最后识读水电空调安装、第二次装修施工图，检查它们是否一致。

③ 熟悉本层平面尺寸后，审查是否满足使用要求，例如检查房间平面布置是否方便使用、采光通风是否良好等。识读下一层平面图尺寸时，检查与上一层有无不一致的地方。

2. 熟悉工程立面结构

① 建筑工程建施图一般有正立面图、剖立面图、楼梯剖面图，这些图有工程立面尺寸信息；建施平面图、结施平面图上一般也标有本层标高；梁表中，一般有梁表面标高；基础大样图、其他细部大样图，一般也有标高注明。通过这些施工图，可掌握工程的立面尺寸。

② 正立面图一般有三道尺寸，第一道是窗台、门窗的高度等细部尺寸，第二道是层高尺寸，并标注有标高，第三道是总高度。审查方法与审查平面各道尺寸一样，第一道尺寸相加之和是否等于第二道尺寸，第二道尺寸相加之和是否等于第三道尺寸。检查立面图各楼层的标高是否与建施平面图相同，再检查建施的标高是否与结施标高相符。

③ 建施图各楼层标高与结施图相应楼层的标高应不完全相同，因建施图的楼地面标高是工程完工后的标高，而结施图中楼地面标高仅结构面标高，不包括装修面的高度，同一楼层建施图的标高应比结施图的标高几厘米。这一点需特别注意，因有些施工图，把建施图标高标在了相应的结施图上，如果不留意，施工中会出错。

3. 熟悉细部构造

熟悉立面图后，主要检查门窗顶标高是否与其上一层的梁底标高相一致；检查楼梯踏步的水平尺寸和标高是否有错，检查梯梁下竖向净空尺寸是否大于2m，是否会出现碰头现象；当中间层出现露台时，检查露台标高是否比室内低；检查厕所、浴室楼地面是否低几厘米，若不是，检查有无防溢水措施；最后与水电空调安装、第二次装修施工图相结合，检查建筑高度是否满足功能需要。

二、了解常用建筑术语

在自建小别墅的施工中，经常会听到一些专有的名词，很多时候，业主都不知道这些话是什么意思。为了让大家更为清楚地了解房屋建造，同时也能够顺畅地与建筑工匠进行沟通，表2-3中所列举的一些常用建筑专业术语，业主最好要有一定的了解。

表2-3　常用建筑专业术语

术语	释义
建筑物	一般多指房屋
构筑物	一般附属的建筑设施，如烟囱、水塔、筒仓等
红线	规划土地部门批给的建筑用地范围，一般用红笔圈在图纸上，具有一定的法律约束效应
纵向	建筑物的长轴方向，即建筑物的长度方向
横向	垂直建筑物的长轴即其短轴方向，亦即建筑物的宽度方向
定位轴线	确定建筑物承重构件相对位置的纵向、横向的控制线，如承重墙、柱子、梁等都要用轴线定位
开间	一间房屋的面宽，即两条横向定位轴线间的距离
进深	一间房屋的深度，即两条纵向定位轴线间的距离
标高	确定建筑竖向定位的相对尺寸数值。建筑总平面图和建筑平面图、立面图、剖面图以及需要竖向设计的图纸都要注明标高。除总平面图以外，包含建筑、结构、设备图等一般都采用相对标高，是以房屋底层室内主要房间地面定为相对标高的零点，称正负零（±0.00）
层高	相邻两层楼地面之间的垂直距离
净高	房间的净空高度，即楼地面至上层楼板底的高度，有梁或吊顶时到梁底或吊顶底部。净高等于层高减去楼地面装修层厚度、楼板厚度或梁高及吊顶厚度
建筑高度	设计室外地坪至檐口顶部（即层面板和斜板下）的高度
建筑面积	建筑长度、宽度外包尺寸的乘积再乘以层数，包括使用面积、结构面积、交通面积，单位为"m²"（阳台常按50%面积计）
使用面积	主要使用房间和辅助使用房间的净面积，是轴线尺寸减去墙皮厚度所得净尺寸的乘积
交通面积	走道、楼梯间、电梯间等交通联系设施的净面积
地坪	多指室外自然地面

术语	释　义
竖向设计	根据地形、地貌和建设要求，拟定各建设项目的标高、定位及相互关系的设计，如建筑物、构筑物、道路、地坪、地下管线等标高和定位
刚度	建筑材料或构件抵抗变形的能力
强度	建筑材料或构件抵抗破坏的能力
标号	建筑材料每平方厘米上能承受的拉力或压力

三、建筑平面图识读

建筑平面图（图2-33）就是将房屋用一个假想的水平面，沿窗口（位于窗台稍高一点）的地方水平切开，这个切口下部的图形投影至所切的水平面上，从上往下看到的图形即为该房屋的平面图。而设计时，则是设计人员根据业主提出的使用功能，按照规范和设计经验构思绘制出房屋建筑的平面图。建筑平面图包含如下内容。

① 由外围看可以知道它的外形、总长、总宽以及建筑的面积。如首层平面图上还绘有散水、台阶、外门、窗的位置，外墙的厚度，轴线标号，有的还可能有变形缝、室外钢爬梯等的图示。

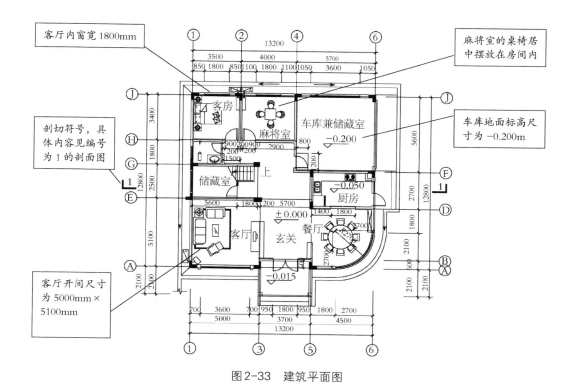

图2-33　建筑平面图

② 往内看可以看到墙位置、房间名称以及楼梯间、卫生间等的布置。

③ 从平面图上还可以了解到开间尺寸、内门窗位置、室内地面标高，门窗型号尺寸，以及所用详图等。平面图根据房屋的层数不同分为首层平面图、一层平面图、二层平面图等。最后还有屋顶平面图，说明屋顶上建筑构造的平面布置和雨水排水坡度情况。

四、建筑立面图识读

建筑立面图是建筑物的各个侧面，向它平行的竖直平面所作的正投影，这种投影得到的侧视图，称为立面图。它分为正立面、背立面和侧立面，有时又按朝向分为南立面、北立面、东立面、西立面等，图2-34所示为某小别墅的立面图。立面图包含的内容如下。

① 立面图反映了建筑物的外貌，如外墙上的檐口、门窗套、出檐、阳台、腰线、门窗外形、雨篷、花台、水落管、附墙柱、勒脚、台阶等构造形态；有时还标明外墙装修的做法是清水墙还是抹灰，抹灰是水泥还是干粘石、水刷石或贴面砖等。

② 立面图还标明各层建筑标高、层数，房屋的总高度或突出部分最高点的标高尺寸。有的立面图也在侧边采用竖向尺寸，标注出窗口的高点、层高尺寸等。

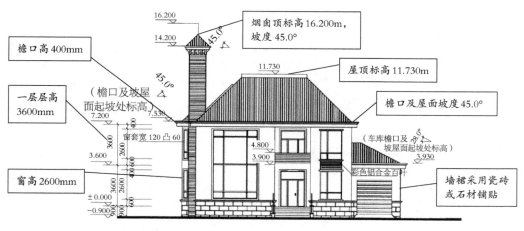

图2-34 某建筑立面图

五、建筑剖面图识读

为了了解房屋竖向的内部构造，假想一个垂直平面把房屋切开，移去一部分，对余下的部分向垂直平面作投影，从而得到的剖面图即为该建筑在某一处所切开的剖面图，如图2-35所示。剖面图包含的内容如下。

① 从剖面图可以了解各层楼面的标高，窗台，窗户上口、顶棚的高度，以及室内

净空尺寸。

② 剖面图上还画出房屋从屋面至地面的内部构造特征，如屋盖是什么形式的、楼板是什么构造的、隔墙是什么构造的、内门的高度等。

③ 剖面图上还注明一些装修做法、楼地面做法，对所用材料等加以说明。

④ 剖面图上有时也可以表明屋面做法及构造，屋面坡度以及屋顶上女儿墙、烟囱等构造物的情形等。

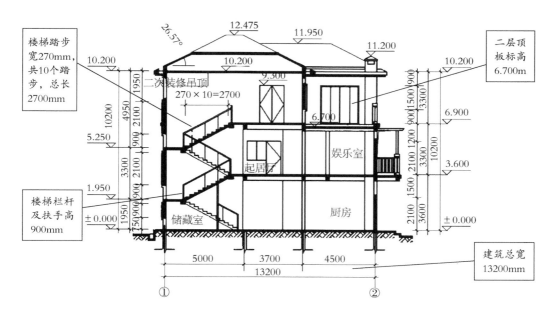

图2-35　某建筑剖面图

六、建筑详图识读

建筑详图是把房屋的细部或构配件（如楼梯、门窗）的形状、大小、材料和做法等，按正投影原理，用较大比例绘制出的图样，故又叫大样图，它是对建筑平面图、立面图、剖面图的补充。

建筑详图主要包括外墙详图、楼梯详图、门窗详图、阳台详图以及厨房、浴室、卫生间详图等，图2-36所示为某建筑厨房的平面详图。

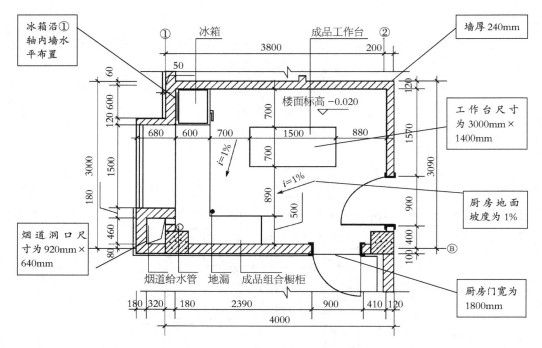

冰箱沿①轴内墙水平布置

冰箱

成品工作台

墙厚240mm

楼面标高 -0.020

工作台尺寸为3000mm×1400mm

厨房地面坡度为1%

烟道洞口尺寸为920mm×640mm

烟道给水管　地漏　成品组合橱柜

厨房门宽为1800mm

图2-36　某建筑厨房的平面详图

第三章

小别墅主体材料选用技巧

第一节　水泥、砂石、石灰的选择与选择技巧

一、水泥的选择与选择技巧

1．水泥的选择

自建小别墅一般就是用硅酸盐水泥和普通硅酸盐水泥，它们主要的几个技术指标见表3-1，不同龄期水泥的强度规范要求见表3-2。

表3-1　水泥的主要技术指标

技术指标	性能要求
细度：水泥颗粒的粗细程度	颗粒越细、硬化得越快，早期强度也越高。硅酸盐水泥和普通硅酸盐水泥细度以比表面积表示，不小于300m²/kg
凝结时间：①从加水搅拌到开始凝结所需的时间称初凝时间；②从加水搅拌到凝结完成所需的时间称终凝时间	硅酸盐水泥初凝时间不小于45min，终凝时间不大于6.5h；普通硅酸盐水泥初凝时间不小于45min，终凝时间不大于6h
体积安定性：指水泥在硬化过程中体积变化的均匀性能	水泥中含杂质较多，会产生不均匀变形
强度：指水泥胶砂硬化后所能承受外力破坏的能力	不同品种不同强度等级的通用硅酸盐水泥，其不同龄期的强度应符合表3-2的规定。一般而言，自建小别墅选择强度等级为32.5级的水泥就可以了

表3-2　不同龄期水泥的强度规范要求

品种	强度等级	抗压强度/MPa		抗折强度/MPa	
		3d	28d	3d	28d
硅酸盐水泥	42.5	≥17.0	≥42.5	≥3.5	≥6.5
	42.5R	≥22.0		≥4.0	
	52.5	≥23.0	≥52.5	≥4.0	≥7.0
	52.5R	≥27.0		≥5.0	
	62.5	≥28.0	≥62.5	≥5.0	≥8.0
	62.5R	≥32.0		≥5.5	
普通硅酸盐水泥	42.5	≥17.0	≥42.5	≥3.5	≥6.5
	42.5R	≥22.0		≥4.0	
	52.5	≥23.0	≥52.5	≥4.0	≥7.0
	52.5R	≥27.0		≥5.0	

2. 水泥的选择技巧

① 看水泥的包装是否完好，标识是否完全。正规水泥包装袋上的标识有：工厂名称，生产许可证编号，水泥名称，注册商标，品种（包括品种代号），强度等级（标号），包装年、月、日和编号。

② 用手指捻一下水泥粉，如果是感觉到有少许细、砂、粉，则表明水泥细度是正常的。

③ 看水泥的色泽是否为深灰色或深绿色，如果色泽发黄（熟料是生烧料）、发白（矿渣掺量过多），其水泥强度一般比较低。

④ 水泥也是有保质期的。一般而言，超过出厂日期30d的水泥，其强度将有所下降。储存3个月后的水泥，其强度会下降10%～20%，6个月后会降低15%～30%，一年后会降低25%～40%。正常的水泥应无受潮结块现象，优质水泥在6h左右即可凝固，超过12h仍不能凝固的水泥质量那就属于不合格。

⑤ 作为基础建材，市面上水泥的价格相对比较透明，例如强度等级为32.5级的普通硅酸盐水泥，一袋也就是20元左右。水泥强度等级越高，价格也相应高一些。

二、砂石的选择与选择技巧

1. 砂石的选择

（1）建筑用砂的种类　其种类分为天然砂和人工砂两种。

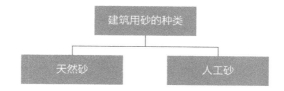

① 天然砂是由自然风化、水流搬运和分选、堆积形成的，粒径小于4.75mm的岩石颗粒，包括河砂、湖砂、山砂、淡化海砂，但不包括软质岩、风化岩石的颗粒。

② 人工砂是经除土处理的机制砂、混合砂的统称。机制砂是由机械破碎、筛分制成的，粒径小于4.75mm的岩石颗粒，但是不包括软质岩、风化岩石的颗粒。混合砂则是由机制砂和天然砂混合制成的建筑用砂。

（2）**建筑用砂的规格**　建筑用砂的规格及参数见表3-3。

表3-3　建筑用砂的规格及参数

类别	细度模数/mm	应用范围
细砂	1.6~2.2	常用抹面
中砂	2.3~3.0	混凝土配置
粗砂	3.1~3.6	混凝土配置

（3）**建筑用砂的类别**　根据国家规范，建筑用砂按技术要求分为Ⅰ、Ⅱ、Ⅲ三种类别，分别用于不同强度等级的混凝土，其主要内容见表3-4。

表3-4　不同种类砂的适用范围

类别	适用范围
Ⅰ类	宜用于强度等级大于C60的混凝土
Ⅱ类	宜用于强度等级为C30~C60以及有抗冻、抗渗或其他要求的混凝土
Ⅲ类	宜用于强度等级小于C30的混凝土和建筑砂浆

建筑用砂类别的划分涉及的因素较多，包含颗粒级配、含泥量、含石粉量、有害物质含量（这里的有害物质是指对混凝土强度的不良影响）、坚固性指标、压碎指标六个方面。对于普通业主来说，很多因素是很难了解的，一般可以通过以下方法大概地去辨别：强度低的砂看着更细一些，清洁程度也要差一点，当然，石粉含量、有害物质等也会相对多一些，最后拌和的混凝土强度也会等级低一点。

因为自建小别墅所需混凝土的强度等级一般不高，因此，选择Ⅲ类砂就能够满足要求了。

（4）**砂表观密度、堆积密度、空隙率**　应符合如下规定：

① 表观密度大于2500kg/m³；

② 松散堆积密度大于1350kg/m³;

③ 空隙率小于47%。

对于这一点，业主在选购时，主要看砂的重量够不够，颗粒是不是相对立体、均匀，有没有风化的砂。

（5）**其他要求**　挑选砂石料时，要注意砂石料中不宜混有草根、树叶、树枝、塑料品、煤块、炉渣等有害物质。对于预应力混凝土、接触水体或潮湿条件下的混凝土所用砂，其氯化物含量应小于0.03%。

2. 砂石选择的技巧

其实，对于自建小别墅而言，在选择砂的时候，首先要搞清楚是用来做什么，如果是搅拌混凝土就选中粗砂，如果是要装饰抹面，那就选相对细的砂。然后看里面是否有其他杂质，砂的颗粒是否饱满、均匀，是否有一些风化的砂。至于是选天然砂石还是机制砂石主要受制于当地的自然环境，一般以更经济的作为首选。

三、石灰的选择与选择技巧

1. 石灰的选择

生石灰呈白色或灰色块状，为便于使用，块状生石灰常需加工成生石灰粉、消石灰粉或石灰膏，其特性如下。

① 生石灰粉是由块状生石灰磨细而得到的细粉。

② 消石灰粉是块状生石灰用适量水熟化而得到的粉末，又称熟石灰。

③ 石灰膏是块状生石灰用较多的水（为生石灰体积的3～4倍）熟化而得到的膏状物，也称石灰浆。

通常自建小别墅买的都是生石灰，然后要经过熟化或消化，即用水熟化一段时间，得到熟石灰或消石灰，就是常说的氢氧化钙。

在自建小别墅的施工中，熟化石灰常用两种方法：消石灰浆法和消石灰粉法。

2. 石灰选择的技巧

在购买生石灰时，应选块状生石灰，好的块状生石灰应该具有以下几个方面的特点。

① 表面不光滑、毛糙。表面光滑有反光，轮廓清楚的为石头，一般都是没有烧好。

② 同样体积的石灰，烧得好的较轻，没烧好的石块沉，轮廓清楚无毛刺。

③ 好的石灰化水时全部化光，没有杂质，也没有石块沉淀物。

④ 在购买石灰时，最好现买、现化、现用。

第二节 建筑钢筋的选择与选择技巧

钢筋是自建小别墅要购买的一个大宗建材，在结构中，钢筋的作用非常重要，对于结构的安全性起着至关重要的作用，因此，钢筋的选购非常关键，一定要购买货真价实的合格产品。

1. 钢筋的选择

（1）了解钢筋的种类　钢筋种类很多，通常按轧制外形、直径大小、力学性能、生产工艺以及在结构中的用途进行分类。

① 按轧制外形分。按轧制外形分类的主要内容见表3-5。

表3-5　按轧制外形分类的内容

名称	内容	图片
光面钢筋	HPB300级钢筋（Ⅰ级钢筋）均轧制为光面圆形截面，供应形式有盘圆，直径不大于10mm，长度为6~12m	
带肋钢筋	有螺旋形、人字形和月牙形三种，一般HRB335（Ⅱ级）、HRB400（Ⅲ级）钢筋轧制成人字形，HRB500（Ⅳ级）钢筋轧制成螺旋形及月牙形	
钢线及钢绞线	钢线分低碳钢丝和碳素钢丝两种	

续表

名称	内容	图片
冷轧扭钢筋	经冷轧并冷扭成型的钢筋	

② 按直径大小分。钢丝（直径3～5mm）、细钢筋（直径6～10mm）、粗钢筋（直径大于22mm）。对于自建小别墅而言，最常用的钢筋还是细钢筋。

③ 按力学性能分。Ⅰ级钢筋（HPB300）、Ⅱ级钢筋（HRB335）、Ⅲ级钢筋（HRB400）、Ⅳ级钢筋（HRB500）。

④ 按生产工艺分。热轧、冷轧、冷拉的钢筋，还有以Ⅳ级钢筋经热处理而成的热处理钢筋，强度比前者更高。

⑤ 按在结构中的作用分。受压钢筋、受拉钢筋、架立钢筋、分布钢筋、箍筋等。

（2）**快速、合理地选择钢筋**　若想快速、合理地选择钢筋就要知道什么是优质的钢筋、什么是劣质的钢筋，明确了这个概念以后才能快速、合理地选择钢筋，优质与劣质钢筋的对比见表3-6。

表3-6　优质与劣质钢筋的对比

识别内容	螺纹钢		线材	
	国标材	伪劣材	国标材	伪劣材
肉眼外观	颜色深蓝、均匀，两头断面整齐无裂纹。凸形月牙纹清晰、间距规整	有发红、发暗、结疤、夹杂现象，断端可能有裂纹、弯曲等。月牙纹细小不整齐	颜色深蓝、均匀，断面整齐无裂纹。高线只有两个断端。蓝色氧化皮屑少	有发红、发暗、结疤、夹杂现象、断端可能有裂纹、弯曲等。线材有多个断头。氧化屑较多

识别内容	螺纹钢		线 材	
	国标材	伪劣材	国标材	伪劣材
触摸手感	光滑、质沉重、圆度好	粗糙、明显不圆感（即有"起骨"的感觉）	光滑，无结疤与开裂等现象。圆度好	粗糙、有夹杂、结疤明显不圆感（起骨）
初步测量	直径与圆度符合国标	直径与不圆度不符合国标	直径与不圆度符合国标	直径与不圆度符合国标
产品标牌	标牌清晰光洁，牌上钢号、重量、生产日期、厂址等标识清楚	多无标牌，或简陋的假牌	标牌清晰光洁，牌上钢号、重量、生产日期、厂址等标识清楚	多无标牌，或简陋的假牌
质量证明书	电脑打印、格式规范、内容完整（化学成分、机械性能、合同编号、检验印章等）	多无质量证明书，或做假，即所谓质量证明"复印件"	电脑打印、格式规范、内容完整（化学成分、机械性能、合同编号、检验印章等）	多无质量证明书，或做假，即所谓质量证明书"复印件"
销售授权	商家有厂家正式书面授权	商家说不清或不肯说明钢材来源	商家有厂家正式书面授权	商家说不清或者不肯说明钢材来源
理化检验	全部达标	全部或部分不达标	全部达标	全部或部分不达标
售后服务	质量承诺"三包"	不敢书面承诺	质量承诺"三包"	不敢书面承诺

注：1. 圆度是指钢材直径最大与最小值的比率。在没有相应测量工具的情况下，用手触摸也可感觉钢材的大概圆度情况，因为人手的触觉相当敏锐。

2. 质量证明书是钢材产品的"身份证"，购买时要查阅原件，然后索取复印件，同时盖经销商公章并妥善保管。注意有的伪劣产品的所谓"质量证明书"，是以大钢厂的质量证明书为蓝本用复印机等篡改而成的，细看不难发现字迹模糊、前后反差大、笔画粗细不同、字间前后不一致等破绽。

3. 钢筋调直，可用机械或人工调直。经调直后的钢筋不得有局部弯曲、死弯、小波浪形，其表面伤不应使钢筋截面减小5%。

2. 钢筋选择的技巧

钢筋是否符合质量标准，直接影响房屋的使用安全，在购买钢筋时应注意以下几个方面。

① 购进的钢筋应有出厂质量证明书或试验报告单，每捆或每盘钢筋均应有标牌。

② 钢筋的外观检查：钢筋表面不得有裂缝、结疤、折叠或锈蚀现象；钢筋表面的凸块不得超过螺纹的高度；钢筋的外形尺寸应符合技术标准规定。

③ 钢筋根上印有直径，对一对，看是否与标定相符。

第三节　基础用管道的选择与选择技巧

1．基础管道的选择

现在市面上的管道材质五花八门，各种材质、型号、功能往往让人晕头转向。要想选对、选好基础用管道，首先就得了解管道的种类，以及用在什么地方。以下是几种常用管道的材质与使用特性。

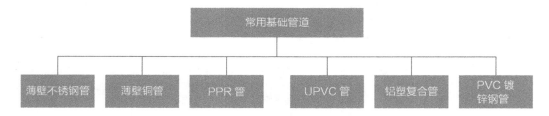

基础常用管道的主要性能及特点等内容见表3-7。

表3-7　基础常用管道的主要性能及特点

名称	性质及特点	图片
薄壁不锈钢管	最常见的一种基础管材，耐腐蚀、不易氧化生锈、抗腐蚀性强、使用安全可靠、抗冲击性强、热传导率相对较低。但不锈钢管的价格目前相对较高，另在选择使用时要注意选择耐水中氯离子的不锈钢型号	
薄壁铜管	住宅建筑中的铜管是指薄壁紫铜管。按有无包覆材料分类，有裸铜管和塑覆铜管（管外壁覆有热挤塑料层，用以保护铜管和管道保温）两种，薄壁铜管具有较好的力学性能和良好的延展性，其管材坚硬、强度高	
PPR管	一般用于给水管，管道压力不能大于0.6MPa，温度不能高于70℃，其优点是价格比较便宜，施工方便，是目前应用最多的一种管材。PPR管具有如下特点	

名称	性质及特点	图片
PPR管	① 耐腐蚀、不易结垢，避免了镀锌钢管锈蚀结垢造成的二次污染 ② 耐热，可长期输送温度为70℃以下的热水 ③ 保温性能好，20℃时的热导率仅约为钢管的1/200、紫铜管的1/1400 ④ 卫生、无毒，可以直接用于纯净水、饮水管道系统 ⑤ 质量轻，强度高，PPR管的密度一般为0.89~0.91g/cm³，仅为钢管的1/9、紫铜管的1/10 ⑥ 管材内壁光滑，不易结垢，管道内流体阻力小，流体阻力远低于金属管道	
UPVC管	UPVC管又称硬聚乙烯管，适合用在温度小于45℃、压力小于0.6MPa的管道。UPVC管的化学稳定性好、耐腐蚀性强、使用卫生、对水质基本无污染。管还具有热导率小，不易结露，管材内壁光滑，水流阻力小，材质较轻，加工、运输、安装、维修方便等特点。但要注意的是，其强度较低，耐热性能差，不宜在阳光下暴晒	
铝塑复合管	其结构为塑料→胶黏剂→铝材，即内外层是聚乙烯塑料，中间层是铝材，经热熔共挤复合而成。铝塑复合管和其他塑料管道的最大区别是它集塑料与金属管的优点于一身，其机械性能优越，耐压较高；采用交联工艺处理的交联聚乙烯（PEX）做的铝塑复合管耐热性较好，可以长期在95℃高温下使用；能够阻隔气体的渗透且热膨胀系数低	
PVC镀锌钢管	兼有金属管材强度大、刚性好和塑料管材耐腐蚀的优点，同时也克服了两类材料的缺点。PVC镀锌钢管的优点是管件配套多、规格齐全	

2. 基础管道选择的技巧

（1）PPR管选择技巧

① PPR管有冷水管和热水管之分，但无论是冷水管还是热水管，其材质应该是一样的，其区别只在于管壁的厚度不同。

② 目前市场上较普遍存在着管件、热水管用较好的原料，而冷水管却用PPB（PPB为嵌段共聚聚丙烯）冒充PPR的情况，这一点一定要注意。这类产品在生产时需要焊接不同的材料，因材质不同，焊接处极易出现断裂、脱焊、漏滴等情况，埋下各种隐患。

③ 选购时应注意管材上的标识，产品名称应为"冷热水用无规共聚聚丙烯管材"或"冷热水用PPR管材"，并标明了该产品执行的国家标准。当发现产品被冠以其他名称或执行其他标准时，则尽量不要选购该产品。

（2）UPVC管选择技巧　虽然UPVC管价格较低廉，且对水质的影响很小，但当在生产过程中加入不恰当的添加剂和其他不洁的残留物后，杂质会从塑料中向管壁迁移，并会不同程度地向水中析出，这也是该管道材料最大的缺陷。

（3）铝塑复合管选择技巧　铝塑复合管有较好的保温性能，内外壁不易腐蚀，因内壁光滑，对流体阻力很小，又可随意弯曲，所以安装施工方便。铝塑复合管有足够的强度，可将其作为供水管道，若其横向受力太大，则会影响其强度，所以宜做明管施工或将其埋于墙体内，不宜埋入地下。

（4）PVC镀锌钢管选择技巧　这种复合管材也存在自身的缺点，例如材料用量多，管道内实际使用管径小；在生产中需要增加复合成型工艺，其价格要比单一管材的价格稍高。此外，如黏合不牢固或环境温度和介质温度变化大时，容易产生离层而导致管材质量下降。

在具体施工中，应根据自己的经济实力和对管道材料的使用要求进行选择，力求达到经济实惠。

第四节　砌筑用砖的选择与选择技巧

1. 承重墙用砖的选择

承重墙是指在砌体结构中支撑着上部楼层重量的墙体，在图纸上为黑色墙体，打掉会破坏整个建筑结构。承重墙是经过科学计算的，如果在承重墙上打孔开洞，就会影响建筑结构稳定性，改变了建筑结构的体系。

能作为承重墙用砖的种类很多，有黏土砖、页岩砖、灰砂砖等。农村与小城镇自建小别墅一般是用普通黏土砖。目前，国家严格限制普通黏土砖的使用，一些承重墙体改用页岩砖等材料。

无论选择哪种砖，都必须满足所需要的强度等级。普通黏土砖按照抗压强度可以为MU10、MU15、MU20、MU25和MU30五个强度等级。

普通黏土砖的标准尺寸是240mm×115mm×53mm。

2. 非承重墙用砖的选择

（1）**砖的选择** 其实"非承重墙"并非不承重，只是相对于承重墙而言，非承重墙起到次要承重作用，但同时也是承重墙非常重要的支撑部位。非承重墙通常用以黏土、工业废料或其他地方资源为主要原料，以不同工艺制造的墙砖来砌筑的，所以又叫做砌墙砖。

用作砌筑非承重墙的砖按照生产工艺分为烧结砖和非烧结砖。经焙烧制成的砖为烧结砖；经碳化或蒸汽（压）养护硬化而成的砖属于非烧结砖。

按照孔洞率（砖上孔洞和槽的体积总和与按外尺寸算出的体积之比的百分率）的大小，砌墙砖分为实心砖、多孔砖和空心砖。实心砖是没有孔洞或孔洞率小于15%的砖；孔洞率等于或大于15%，孔的尺寸小而数量多的砖称为多孔砖；孔洞率等于或大于15%，孔的尺寸大而数量少的砖称为空心砖。

非承重墙用砖的类型及每种砖的主要性能见表3-8。

表3-8　非承重墙用砖的类型及主要性能

名称	性能	图片
烧结普通砖	烧结普通砖是以黏土、页岩、煤矸石、粉煤灰为主要原料，经焙烧而成的普通砖。按主要原料分为烧结黏土砖、烧结页岩砖、烧结煤矸石砖和烧结粉煤灰砖	
烧结多孔砖	按主要原料分为黏土砖、页岩砖、煤矸石砖和粉煤灰砖。烧结多孔砖的孔洞垂直于大面，砌筑时要求孔洞方向垂直于承压面。因为它的强度较高，主要用于建筑物的承重部位	
烧结空心砖	由两两相对的顶面、大面及条面组成直角六面体，在烧结空心砖的中部开设有至少两个均匀排列的条孔，条孔之间由肋相	

名称	性　能	图　片
烧结空心砖	隔，条孔与大面、条面平行，其间为外壁，条孔的两开口分别位于两顶面上，在所述的条孔与条面之间分别开设有若干孔径较小的边排孔，边排孔与其相邻的边排孔或相邻的条孔之间为肋。空心砖结构简单，制作方便；砌筑墙体后，能确保这种墙面上的串点吊挂的承载能力，适用于非承重部位作墙体围护材料	
蒸压灰砂砖	蒸压灰砂砖以适当比例的石灰和石英砂、砂或细砂岩，经磨细、加水拌和、半干法压制成型并经蒸压养护而成，是替代烧结黏土砖的产品	
粉煤灰砖	蒸压（养）粉煤灰砖是以粉煤灰和石灰为主要原料，掺入适量的石膏和骨料，经坯料制备、压制成型、高压或常压蒸汽养护而制成。其颜色呈深灰色。粉煤灰砖的标准尺寸与普通黏土砖一样，强度等级分为MU7.5、MU10、MU15、MU20四个等级。优等品的强度级别应不低于MU15级，一等品的强度级别应不低于MU10级	
炉渣砖	炉渣砖是以煤渣为主要原料，加入适量石灰、石膏等材料，经混合、压制成型、蒸汽或蒸压养护而制成的实心砖。颜色呈黑灰色。其标准尺寸与普通黏土砖一样，强度等级与灰砂砖相同	

（2）砖的选择的技巧　非承重墙用砖选择技巧的主要内容见表3-9。

表3-9　非承重墙用砖选择技巧

名称	选 择 技 巧
烧结普通砖	① 烧结普通砖具有较高的强度，较好的绝热性、隔声性、耐久性及价格低廉等优点，加之原料广泛、工艺简单，所以是应用历史最久、应用范围最为广泛的墙体材料。另外，烧结普通砖也可用来砌筑柱、拱、烟囱、地面及基础等，还可与轻骨料混凝土、加气混凝土、岩棉等复合砌筑成各种轻质墙体，在砌体中配置适当的钢筋或钢丝网，也可制作柱、过梁等，代替钢筋混凝土柱、过梁使用 ② 烧结普通砖的缺点是生产能耗高，砖的自重大、尺寸小，施工效率低，抗震性能差等，尤其是黏土实心砖大量毁坏土地、破坏生态。从节约黏土资源及利用工业废渣等方面考虑，应提倡大力发展非黏土砖。所以，我国正大力推广墙体材料改革，以空心砖、工业废渣砖、砌块及轻质板材等新型墙体材料代替黏土实心砖，已成为不可逆转的趋势
烧结多孔砖和烧结空心砖	烧结多孔砖、烧结空心砖与烧结普通砖相比，具有很多的优点。使用这些砖可使建筑物自重减轻1/3左右，节约黏土20%～30%，节省燃料10%～20%，且烧成率高，造价降低20%，施工效率可提高40%，并能改善砖的绝热和隔声性能，在相同的热工性能要求下，用空心砖砌筑的墙体厚度可减薄半砖左右
蒸压灰砂砖	① 蒸压灰砂砖的外形为直角六面体，标准尺寸与普通黏土砖一样。根据抗压强度和抗折强度分为MU10、MU15、MU20、MU25四个强度等级 ② 蒸压灰砂砖材质均匀密实，尺寸偏差小，外形光洁整齐。MU15及其以上的灰砂砖可用于基础及其他建筑部位；MU10的灰砂砖仅可用于防潮层以上的建筑部位。由于灰砂砖中的某些水化产物（氢氧化钙、碳酸钙等）不耐酸，也不耐热，因此不得用于长期受热200℃以上、受急冷急热和有酸性介质侵蚀的建筑部位，也不宜用于有流水冲刷的部位
粉煤灰砖	粉煤灰砖可用墙体和基础，但用于基础或易受冻融和干湿交替作用的部位时，必须使用一等品和优等品。粉煤灰砖不得用于长期受热200℃以上、受急冷急热和有酸性介质侵蚀的建筑部位。为避免或减少收缩裂缝的产生，用粉煤灰砖砌筑的建筑物，应适当增设圈梁及伸缩缝
炉渣砖	炉渣砖也可以用于墙体和基础，但用于基础或用于易受冻融和干湿交替作用的部位必须使用MU15级及其以上的砖。炉渣砖同样不得用于长期受热200℃以上、受急冷急热和有酸性介质侵蚀的建筑部位

3. 砌墙用砌块

砌块是形体大于砌墙砖的人造块材。砌块一般为直角六面体，也有各种异形的。砌块系列中主规格的长度、宽度或高度有一项或一项以上分别大于365mm、240mm或115mm，但高度不大于长度或宽度的6倍，长度不超过高度的3倍。

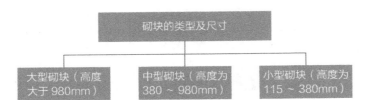

（1）普通混凝土小型空心砌块　适用于地震设计烈度为8度及8度以下地区的建筑物的墙体。对用于承重墙和外墙的砌块，要求其干缩值小于0.5mm/m，非承重或内墙用的砌块，其干缩值应小于0.6mm/m。

（2）粉煤灰砌块　属于硅酸盐类制品，是以粉煤灰、石灰、石膏和骨料（炉渣、矿渣）等为原料，经配料、加水搅拌、振动成型、蒸汽养护而制成的密实砌块。

粉煤灰砌块的干缩值比水泥混凝土大，适用于墙体和基础，但不宜用于长期受高温和经常受潮湿的承重墙，也不宜用于有酸性介质侵蚀的部位。

（3）蒸压加气混凝土砌块　以钙质材料（水泥、石灰等），硅质材料（砂、矿渣、粉煤灰等）以及加气剂（铝粉）等，经配料、搅拌、浇筑、发气、切割和蒸压养护而成的多孔砌块。

蒸压加气混凝土砌块质量轻，具有保温、隔热、隔声性能好，抗震性强，耐火性好，易于加工，施工方便等特点，是应用较多的轻质墙体材料之一。蒸压加气混凝土砌块适用于承重墙、间隔墙和填充墙，作为保温隔热材料也可用于复合墙板和屋面结构中。在无可靠的防护措施时，该类砌块不得用于水中、高湿度和有侵蚀介质的环境中，也不得用于建筑物的基础和温度长期高于80℃的建筑部位。

（4）轻骨料混凝土小型空心砌块　由水泥、砂（轻砂或普砂）、轻粗骨料、水等经搅拌、成型而得。所用轻粗骨料有粉煤灰陶粒、黏土陶粒、页岩陶粒、膨胀珍珠岩、自然煤矸石轻骨料、煤渣等。其主规格尺寸为390mm×190mm×190mm。砌块按强度等级分为MU1.5、MU2.5、MU3.5、MU5.0、MU7.5、MU10六个等级；按尺寸允许偏差和外观质量，分为一等品和合格品。

强度等级为3.5级以下的砌块主要用于保温墙体或非承重墙体，强度等级为3.5级及其以上的砌块主要用于承重保温墙体。

第五节　防水、保温材料的选择与选择技巧

1. 基础用防水材料的选择与技巧

一般来说，能防止雨水、地下水、腐蚀性液体以及空气中的湿气、蒸汽等侵入建筑物的材料基本上都统称为防水材料。在自建小别墅中，常用的防水材料有防水卷材、防

水砂浆和防水涂料几种。

现在市场上的防水材料众多，很多人不知道怎么去选择，但是防水对于自建房来说，非常关键。防水材料的质量不好，导致的结果就是返潮、长霉，进而影响结构安全与环境健康。对于常见的防水材料，建议从以下几个方面入手进行挑选。

（1）就防水卷材而言，首先看外观

① 看表面是否美观、平整、有无气泡、麻坑等；

② 看卷材厚度是否均匀一致；

③ 看胎体位置是否居中，有无未被浸透的现象（常说的露白槎）；

④ 看断面油质光亮度；

⑤ 看覆面材料是否黏结牢固。

（2）防水涂料　防水涂料可看其颜色是否纯正，有无沉淀物等，然后将样片放入杯中加入清水泡一泡，看看水是否变混浊，有无溶胀现象，有无乳液析出；然后取出样片，拉伸时如果变糟变软，这样的材料长期处于泡水的环境是非常不利的，不能保证防水质量。

（3）闻一闻气味　以改性沥青防水卷材来说，符合国家标准的合格产品，基本上没有什么气味。在闻的过程中，要注意以下几点：①有无废机油的味道；②有无废胶粉的味道；③有无苯的味道；④有无其他异味。

质量好的改性沥青防水卷材在施工烘烤过程中，不太容易出油，一旦出油后就能黏结牢固。而有些材料极易出油，是因为其中加入了大量的废机油等溶剂，使得卷材变得柔软，然而当废机油挥发掉后，在很短的时间内，卷材就会干缩发硬，各种性能指标就会大幅下降，使用时寿命大大缩短。

一般来说，对于防水涂料而言，有各种异味的涂料大多属于非环保涂料，应慎重选择。

（4）多问　多向商家询问、咨询，从了解的内容来分析、辨别、比较材料的质量。主要了解一下：①厂家原材料的产地、规格、型号；②生产线及设备状况；③生产工艺及管理水平。

（5）试一试　对于防水材料可以多试一试，比如可以用手摸、折、烤、撕、拉等，以手感来判断材料的质量。

以改性沥青防水卷材来说，应该具有以下几个方面的特点：①手感柔软，有橡胶的弹性；②断面的沥青涂盖层可拉出较长的细丝；③反复弯折其折痕处没有裂纹，质量好的产品，在施工中无收缩变形、无气泡出现。

而三元乙丙防水卷材的特点则是：①用白纸摩擦表面，无析出物；②用手撕，不能撕裂或撕裂时呈圆弧状的质量较好。

对于刚性堵漏防渗材料来说，可以选择样品做试验，在固化后的样品表面滴上水滴，如果水滴不吸收，呈球状，质量就相对较好，反之则是劣质品。

2. 屋面防水材料的选择与技巧

经常使用的屋面防水材料主要包括以下几种：合成高分子防水卷材、高聚物改性沥青防水卷材、沥青防水卷材、高聚物改性沥青防水涂料、合成高分子防水涂料和细石混凝土等。

（1）合成高分子防水卷材　它是以合成橡胶、合成树脂或两者的共混体为基料，制成的可卷曲的片状防水材料。合成高分子防水卷材具有以下特点：

① 匀质性好；

② 拉伸强度高，完全可以满足施工和应用的实际要求；

③ 断裂伸长率高，合成高分子防水卷材的断裂伸长率都在100%以上，有的高达500%左右，可以较好地适应建筑工程防水基层伸缩或开裂变形的需要，确保防水质量；

④ 抗撕裂强度高；

⑤ 耐热性能好，合成高分子防水卷材在100℃以上的温度条件下，一般都不会流淌和产生集中性气泡；

⑥ 低温柔性好，一般都在−20℃以下，如三元乙丙橡胶防水卷材的低温柔性在−45℃以下；

⑦ 耐腐蚀能力强，合成高分子防水卷材的耐臭氧、耐紫外线、耐气候等能力强，耐老化性能好，比较耐用。

（2）高聚物改性沥青防水卷材　它是以合成高分子聚合物改性沥青为涂盖层，纤维织物或纤维毡为胎体，粉状、粒状、片状或薄膜材料为覆面材料制成可卷曲的片状材料。高聚物改性沥青卷材常用的有弹性体改性沥青卷材（SBS改性沥青卷材）和塑性体改性沥青卷材（APP改性沥青卷材）两种。

（3）沥青防水卷材　它指的是有胎卷材和无胎卷材。凡是用厚纸或玻璃丝布、石棉布、棉麻织品等胎料浸渍石油沥青制成的卷状材料，称为有胎卷材；将石棉、橡胶粉等掺入沥青材料中，经碾压制成的卷状材料称为辊压卷材，即无胎卷材。

（4）高聚物改性沥青防水涂料　以沥青为基料，用合成高分子聚合物进行改性，配制成的水乳型或溶剂型防水涂料。与沥青基涂料相比，高聚物改性沥青防水涂料在柔韧性、抗裂性、强度、耐高低温性能、使用寿命等方面都有了较大的改进，常用的建材有氯丁橡胶改性沥青涂料、SBS改性沥青涂料及APP改性沥青涂料等，具体性能及应用见表3-10。

表3-10　常见高聚物改性沥青防水涂料

名称	组成	性能	应用
氯丁橡胶改性沥青涂料	一种高聚物改性沥青防水涂料	在柔韧性、抗裂性、拉伸强度、耐高低温性能、使用寿命等方面比沥青基涂料有很大改善	可广泛应用于屋面、地面、混凝土地下室和卫生间等的防水工程

名称	组成	性能	应用
SBS改性沥青涂料	采用石油沥青为基料，以SBS为改性剂并添加多种辅助材料配制而成的冷施工防水涂料	具有防水性能好、低温柔性好、延伸率高、施工方便等特点，具有良好的适应屋面变形能力	主要用于屋面防水层，防腐蚀地坪的隔离层，金属管道的防腐处理；水池、地下室、冷库、地坪等的抗渗、防潮等
APP改性沥青涂料	以高分子聚合物和石油沥青为基料，与其他增塑剂、稀释剂等助剂加工合成	具有冷施工、表干快、施工简单、工期短的特点；具有较好的防水、防腐和抗老化性能；能形成涂层无接缝的防水膜	适用于各种屋面、地下室防水、防渗；斜沟、天沟建筑物之间连接处、卫生间、浴池、储水池等工程的防水、防渗

（5）合成高分子防水涂料　它是以合成橡胶或合成树脂为主要成膜物质，配制成的单组分或多组分的防水涂料。由于合成高分子材料本身的优异性能，以此为原料制成的合成高分子防水涂料具有高弹性、防水性、耐久性和优良的耐高低温性能。常用的建材有聚氨酯防水涂料、丙烯酸防水涂料、有机硅防水涂料等，具体性能及应用见表3-11。

表3-11　常见合成高分子防水涂料

名称	组成	性能	应用
聚氨酯防水涂料	一种液态施工的环保型防水涂料，是以进口聚氨酯预聚体为基本成分，无焦油和沥青等添加剂	它与空气中的湿气接触后固化，在基层表面形成一层坚固的无接缝整体防水膜	可广泛应用屋面、地基、地下室、厨房、卫浴等的防水工程
丙烯酸防水涂料	一种高弹性彩色高分子防水材料，是以防水专用的自交联纯丙乳液为基础原料，配以一定量的改性剂、活性剂、助剂及颜料加工而成	无毒、无味、不污染环境，属环保产品；具有良好的耐老化、延伸性、弹性、黏结性和成膜性；防水层为封闭体系，整体防水效果好，特别适用于异形结构基层的施工	主要使用于各种屋面、地下室、工程基础、池槽、卫生间、阳台等的防水施工，也可适用于各种旧屋面修补
有机硅防水涂料	该涂料是以有机硅橡胶等材料配制而成的水乳性防水涂料，具有良好的防水性、憎水性和渗透性	涂膜固化后形成一层连续均匀完整一体的橡胶状弹性体，防水层无搭头接点，非常适合异形部位，具有良好的延伸率及较好的拉伸强度，可在潮湿表面上施工	适用于新旧屋面、楼顶、地下室、洗浴间、泳池、仓库的防水、防渗、防潮、隔气等用途，其寿命可达20年

3. 墙体保温材料的选择与技巧

墙体保温材料的选择可根据所选择的墙体保温方法选择材料，其主要内容见表3-12。

表3-12　墙体保温做法及材料选择

施工做法	材料选择与技巧
内保温法	常用的做法有贴保温板，粉刷石膏（即在墙上粘贴聚苯板，然后用粉刷石膏做面层），聚苯颗粒胶粉等。内保温虽然保温性能不错，施工也比较简单，但是对外墙某些部位如内外墙交接处难以处理，从而形成"热桥"效应。另外，将保温层直接做在室内，一旦出现问题，维修时对居住环境影响较大
外保温法	保温材料可选用聚苯板或岩棉板，采取黏结及锚固件与墙体连接，面层做聚合物砂浆用玻纤网格布增强；对现浇钢筋混凝土外墙，可采取模板内置保温板的复合浇筑方法，使结构与保温同时完成；也可采取聚苯颗粒胶粉在现场喷、抹形成保温层的方法；还可以在工厂制成带饰面层的复合保温板，到现场安装，用锚固件固定在外墙上
夹心保温法	即把保温材料（聚苯、岩棉、玻璃棉等）放在墙体中间，形成夹芯墙。这种做法将墙体结构和保温层同时完成，对保温材料的保护较为有利。但由于保温材料把墙体分为内外"两层"，因此在内外层墙皮之间必须采取可靠的拉结措施，尤其是对于有抗震要求的地区，措施更是要严格到位

4. 屋面保温材料的选择与技巧

市面上屋面保温材料有很多种类，应用范围也很广，屋面保温材料应选用孔隙多、表观密度小、热导率小的材料。常用屋面保温材料主要内容见表3-13。

表3-13　常用屋面保温材料

名称	内　容
憎水珍珠岩保温板	它具有质量轻、憎水率高、强度好、热导率小、施工方便等优点，是其他材料无法比拟的。广泛用于屋顶、墙体、冷库、粮仓及地下室的保温、隔热和各类保冷工程
岩棉保温板	以玄武岩及其他天然矿石等为主要原料，经高温熔融成纤维，加入适量黏结剂，固化加工而制成的。建筑用岩棉板具有优良的防火、保温和吸声性能。它主要用于建筑墙体、屋顶的保温隔音，建筑隔墙、防火墙、防火门的防火和降噪
膨胀珍珠岩	具有无毒、无味、不腐、不燃、耐碱耐酸、质量轻、绝热、吸声等性能，使用安全、施工方便
聚苯乙烯膨胀泡沫板（EPS板）	属于有机类保温材料，是以聚苯乙烯树脂为基料，加入发泡剂等辅助材料，经加热发泡而成的轻质材料

名称	内　容
XPS挤塑聚苯乙烯发泡硬质隔热保温板	由聚苯乙烯树脂及其他添加剂通过连续挤压出成型的硬质泡沫塑料板，简称XPS保温板。XPS保温板因采用挤压过程制造出拥有连续均匀的表面及闭孔式蜂窝结构，这些蜂窝结构的互连壁有一致的厚度，完全不会出现间隙。这种结构使XPS保温板具有良好的隔热性能、低吸水性和抗压强度高等特点
水泥聚苯小型空心轻质砌块	这种砌块是利用废聚苯和水泥制成的空心砌块，可以改善屋面的保温隔热性能，有390mm×190mm×190mm、390mm×90mm×190mm两种规格，前者主要用于平屋面，后者主要用于坡屋面
泡沫混凝土保温隔热材料	利用水泥等胶凝材料，大量添加粉煤灰、矿渣、石粉等工业废料，是一种利废、环保、节能的新型屋顶保温隔热材料。泡沫混凝土屋面保温隔热材料制品具有轻质高强、保温隔热、物美价廉、施工速度快等显著特点。既可制成泡沫混凝土屋面保温板，又可根据要求现场施工直接浇筑，施工省时、省力
玻璃棉	属于玻璃纤维中的一个类别，是一种人造无机纤维。采用石英砂、石灰石、白云石等天然矿石为主要原料，配合一些纯碱、硼砂等化工原料熔成玻璃。在融化状态下，借助外力吹制成絮状细纤维，纤维和纤维之间为立体交叉，互相缠绕在一起，呈现出许多细小的间隙，具有良好的绝热、吸声性能
玻璃棉毡	为玻璃棉施加黏合剂，加温固化成型的毡状材料。其容重比板材轻，有良好的回弹性、价格便宜、施工方便。玻璃棉毡是为适应大面积敷设需要而制成的卷材，除保持了保温隔热的特点外，还具有十分优异的减振、吸声特性，尤其对中低频和各种振动噪声均有良好的吸收效果，有利于减少噪声污染，改善工作环境

第四章

基础施工

第一节　小别墅常用基础类型比较

一、独立基础

当建筑物上部结构为梁、柱构成的框架、排架或其他类似结构时，下部常采用阶梯形或锥体形的结构形式，称为独立基础，如图4-1所示。

图4-1　独立基础

独立基础的特点如下。

① 一般只坐落在一个十字轴线交点上，有时也跟其他条形基础相连，但是截面尺寸和配筋不尽相同。独立基础如果坐落在几个轴线交点上承载几个独立柱，叫做联合独立基础。

② 基础之内的纵横两方向配筋都是受力钢筋，且长方向的一般布置在下面。

二、条形基础

在砖混结构的建筑中，砖墙为主要垂直承重的结构，沿承重墙连续设置的基础就称为条形基础或带形基础。条形基础是墙下基础的基本形式，也是自建小别墅最常用的一种基础形式，如图4-2所示。

图4-2 条形基础

条形基础的特点是：当条形基础采用混凝土材料时，混凝土垫层厚度一般为100mm。条形基础钢筋由底板钢筋网片和基础梁钢筋骨架组成，但有的也只配置钢筋网片。底板钢筋网片的铺设与独立基础相同。骨架所用钢筋的直径和截面高度应根据各地的标准图集和设计要求来确定。

三、桩基础

桩基础简称桩基，是一种基础类型，主要用于地质条件较差或者建筑要求较高的情况，如图4-3所示。

图4-3 桩基础

桩基础按不同形式分类的具体内容见表4-1。

表4-1　桩基础按不同形式分类

分类形式	按照基础的受力原理分类		按照施工方式分类	
名称	摩擦桩	端承桩	预制桩	灌注桩
内容	系利用地层与基桩的摩擦力来承载构造物，可分为压力桩及拉力桩，大致用于地层无坚硬之承载层或承载层较深	系使基桩坐落于承载层上（岩盘上）使可以承载构造物	通过打桩机将预制的钢筋混凝土桩打入地下。优点是材料省、强度高，适用于较高要求的建筑，缺点是施工难度高，受机械数量限制，施工时间长	首先在施工场地上钻孔，当达到所需深度后将钢筋放入浇灌混凝土。优点是施工难度低，尤其是人工挖孔桩，可以不受机械数量的限制，所有桩基同时进行施工，大大节省时间；缺点是承载力低，费材料

桩基础的特点如下。

① 桩支承于坚硬的（基岩、密实的卵砾石层）或较硬的（硬塑黏性土、中密砂等）持力层，具有很高的竖向单桩承载力或群桩承载力，足以承担高层建筑的全部竖向荷载（包括偏心荷载）。

② 桩基具有很大的竖向单桩刚度（端承桩）或群刚度（摩擦桩），在自重或相邻荷载影响下，不产生过大的不均匀沉降，并确保建筑物的倾斜不超过允许范围。

③ 凭借巨大的单桩侧向刚度（大直径桩）或群桩基础的侧向刚度及其整体抗倾覆能力，抵御由于风和地震引起的水平荷载与力矩荷载，保证高层建筑的抗倾覆稳定性。

第二节　基础开挖与回填

一、人工、机械开挖

1. 人工开挖

（1）施工步骤

测量放线→定桩位→基槽开挖。

（2）施工做法详解

① 开挖浅的条基，如不放坡时，应先沿灰线直边切除槽轮廓线，然后自上至下分层开挖。每层深500mm为宜，每层应清理出土，逐步挖掘。

② 在挖方上侧弃土时，应保证边坡和直立壁的稳定，抛于槽边的土应距槽边1m以外。

③ 在接近地下水位时，应先完成标高最低处的挖方，以便在该槽处集中排水。

④ 挖到一定深度时，测量人员及时测出距槽底500mm的水平线，每条槽端部开始，每隔2～3m在槽边上钉小木橛。

⑤ 挖至槽底标高后，由两端轴线引桩拉通线，检查基槽尺寸，然后修槽清底。

⑥ 开挖放坡基槽（图4-4）时，应在槽帮中间留出800mm左右的倒土台。

（3）人工开挖质量监控

① 定位桩、轴线引桩、水准点、龙门板不得碰撞，必须用混凝土筑护。

图4-4　人工挖槽

② 对邻近建筑物、道路、管线等除了规定的加固外，应随时注意检查、观测。

③ 距槽边600mm挖200mm×300mm明沟，并有2‰坡度，排除地面雨水。或筑450mm×300mm土埂挡水。

2. 机械开挖

（1）施工步骤

测量控制网布设→分段、分层均匀开挖→修边、清底。

（2）施工做法详解

① 测量控制网布设。

a. 标高误差和平整度标准均应严格按规范、标准执行。机械挖土接近坑底时，由现场专职测量员用水平仪将水准标高引测至基槽侧壁。然后随着挖土机逐步向前推进，将水平仪置于坑底，每隔4～6m设置一标高控制点，纵横向组成标高控制网，以准确控制基坑标高。最后一步土方挖至距基底150～300mm位置，所余土方采用人工清土，以免扰动了基底的老土。

b. 测量精度的控制及误差范围见表4-2。

表4-2　测量精度的控制及误差范围

测量项目	测量的具体方法及误差范围
测角	采用三测回，测角过程中误差控制在2″以内，总误差在5mm以内
测弧	采用偏角法，测弧度误差控制在2″以内
测距	采用往返测法，取平均值
量距	用鉴定过的钢尺进行量测并进行温度修正，轴线之间偏差控制在2mm以内

c. 对地质条件好、土（岩）质较均匀、挖土高度在5～8m以内的临时性挖方的边坡，其边坡坡度可按表4-3取值，但应验算其整体稳定性并对坡面进行保护。

表4-3　临时性挖方边坡值

土的类别		边坡值
砂土（不包括细砂、粉砂）		（1:1.25）~（1:1.50）
一般性黏土	硬	（1:0.75）~（1:1.00）
	硬、塑	（1:1.00）~（1:1.25）
	软	1:1.50或更缓
碎土	充填坚硬、硬塑黏性土	（1:0.50）~（1:1.00）
	充填砂石	（1:1.00）~（1:1.50）

②分段、分层均匀开挖。

a. 当基坑（槽）或管沟受周边环境条件和土质情况限制无法进行放坡开挖时，应采取有效的边坡支护方案，开挖时应综合考虑支护结构是否形成，做到先支护后开挖，一般支护结构强度达到设计强度的70%以上时，才可继续开挖。

b. 开挖基坑（槽）或管沟时，应合理确定开挖顺序、路线及开挖深度，然后分段分层均匀下挖。

c. 采用挖土机开挖大型基坑（槽）时，应从上而下分层分段，按照坡度线向下开挖，严禁在高度超过3m或在不稳定土体之下作业，但每层的中心地段应比两边稍高一些，以防积水。

d. 在挖方边坡上如发现有软弱土、流砂土层时，或地表面出现裂缝时，应停止开挖，并及时采取相应补救措施，以防止土体崩塌与下滑。

e. 采用反铲、拉铲挖土机开挖基坑（槽）或管沟时，其施工方法有以下两种。

Ⅰ. 端头挖土法：挖土机从坑（槽）或管沟的端头，以倒退行驶的方法进行开挖，自卸汽车配置在挖土机的两侧装运土。

Ⅱ. 侧向挖土法：挖土机沿着坑（槽）边或管沟的一侧移动，自卸汽车在另一侧装土。

f. 土方开挖宜从上到下分层分段依次进行。随时做成一定坡势，以利泄水。

③修边、清底。

a. 放坡施工时，应人工配合机械修整边坡，并用坡度尺检查坡度。

b. 在距槽底设计标高200~300mm槽帮处，抄出水平线，钉上小木橛，然后用人工将暂留土层挖走。同时由两端轴线（中心线）引桩拉通线（用小线或钢丝），检查距槽边尺寸，确定槽宽标准，以此修整槽边，最后清理槽底土方。

c. 槽底修理铲平后，进行质量检查验收。

d. 开挖基坑（槽）的土方，在场地有条件堆放时，一定留足回填需用的好土；多余的土方，应一次运走，避免二次搬运。

（3）机械开挖质量监控

① 挖土方时应注意保护定位标准桩、轴线引桩、标准水准点，并定期复测检查定位桩和水准基点是否完好。

② 开挖施工时，应保护降水措施、支撑系统等不受碰撞或损坏。挖土时应对边坡支护结构做好保护，以防碰撞损坏。

③ 基底保护：基坑（槽）开挖后应尽量减少对基土的扰动。如果基础不能及时施工时，可在基底标高以上预留300mm土层不挖，待做基础时再挖。

④ 雨季施工时应有槽底防泡、防淹措施；冬期施工槽底应及时覆盖，防止槽底受冻。

二、槽底、槽宽的控制

当基坑、基槽开挖结束后，应对基坑、基槽的深度和宽度进行检查。在龙门板两端拉直线，按龙门板顶面与槽底设计标高差，在标杆上画一道横线。检查时，将标杆上的横线与所拉的水平线相比较，横线与水平线齐平时，说明坑底或槽底标高符合要求，不然则不符合要求，如图4-5所示。

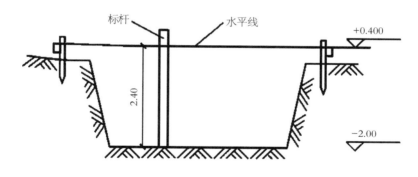

图4-5　槽底标高检查

三、回填前对基坑（槽）进行处理

回填前，应清除基底上草皮、杂物、树根和淤泥，排除积水，并在四周设排水沟或截洪沟，防止地面水流入填方区或基槽（坑），浸泡地基，造成基土下陷。

① 当填方基底为耕植土或松土时，应将基底充分夯实或碾压密实。

② 当填方位于水田、沟渠、池塘或含水量很大的松散地段，应根据具体情况采取排水疏干，或将淤泥全部挖除换土、抛填片石、填砂砾石、翻松、掺石灰等措施进行处理。

③ 当填土场地地面陡于1/5时，应先将斜坡挖成阶梯形，阶高0.2～0.3m，阶宽大于

1m，然后分层填土，以利接合和防止滑动。

四、土方回填施工

1. 施工步骤

基层处理→分层摊铺→分层压（夯）密实→分层检查验收。

2. 施工做法详解

① 填土前应检验土料质量（图4-6）、含水量是否在控制范围内。土料含水量一般以手握成团、落地开花为适宜。当含水量过大，应采取翻松、晾干、风干、换土回填、掺入干土或其他吸水性材料等措施，防止出现橡皮土。

经验小指导：如土料过干（或砂土、碎石类土）时，则应预先洒水湿润，增加压实遍数或使用较大功率的压实机械等措施。

图4-6　土料质量检验照片

② 回填土应分层摊铺和夯压密实，每层铺土厚度和压实遍数应根据土质、压实系数和机具性能而定。常用夯（压）实工具机械每层铺土厚度和所需的夯（压）实遍数参考数值见表4-4。

表4-4　填方每层铺土厚度和压实遍数

压实机具	每层铺土厚度/mm	每层压实遍数/遍
平碾（8~120t）	200~300	6~8
羊足碾（5~160t）	200~350	6~16
蛙式打夯机（200kg）	200~250	3~4
振动碾（8~15t）	60~130	6~8
人工打夯	≤200	3~4

③ 在地形起伏处填土，应做好接槎，修筑1∶2阶梯形边坡，每台阶高可取500mm，宽为1000mm。分段填筑时，每层接缝处应做成大于1∶1.5的斜坡。接缝部位不得在基础、墙角、柱墩等重要部位。

④ 人工回填打夯前应将填土初步整平，打夯要按一定方向进行，一夯压半夯，夯夯相接，行行相连，两遍纵横交叉，分层夯打。

⑤ 夯实基槽时，行夯路线应由四边开始，然后夯向中间。用蛙式打夯机等小型机具夯实时，打夯之前应对填土初步整平，打夯机依次夯打，均匀分开，不留间歇。

⑥ 填土层如有地下水或滞水时，应在四周设置排水沟和集水井，将水位降低。已填好的土层如遭水浸泡，应把稀泥铲除后，方能进行上层回填。填土区应保持一定横坡，或中间稍高两边稍低，以利排水。当天填土应在当天压实。

⑦ 雨期基槽（坑）或管沟回填，从运土、铺填到压实各道工序应连续进行。雨前应压完已填土层，并形成一定坡度，以利排水。施工中应检查、疏通排水设施，防止地面水流入坑（槽）内，造成边坡塌方或使基土遭到破坏。

⑧ 冬期填方，要清除基底上的冰雪和保温材料，排除积水，挖出冰块和淤泥。回填宜连续进行，逐层压实，以免地基土或已填的土受冻。

3. 土方回填施工质量控制

① 回填时，应注意保护定位标准桩、轴线桩、标准高程桩，防止碰撞损坏或下沉。

② 基础或管沟的混凝土，砂浆应达到一定强度，不致因填土受到损坏时，方可进行回填。

③ 基槽（坑）回填应分层对称进行，防止一侧回填造成两侧压力不平衡，使基础变形或倾倒。

④ 夜间作业应合理安排施工顺序，设置足够照明，严禁汽车直接倒土入槽，防止铺填超厚和挤坏基础。

⑤ 已完填土应将表面压实，做成一定坡向或做好排水设施，防止地面雨水流入基槽（坑），造成浸泡地基。

第三节　基础施工与质量监控

一、独立基础施工

1. 施工步骤
清理及垫层浇灌→钢筋板绑扎→模板安装→浇筑混凝土→混凝土养护。

2. 施工做法详解

（1）清理及垫层浇灌　地基验槽完成后，清除表面浮土及扰动土，不留积水，立即进行垫层混凝土施工，垫层混凝土必须振捣密实、表面平整，严禁晾晒基土。

（2）钢筋绑扎　垫层浇灌完成后，混凝土达到1.2MPa后，表面弹线进行钢筋绑扎（图4-7），钢筋绑扎不允许漏扣，柱插筋弯钩部分必须与底板筋成45°绑扎，连接点处必须全部绑扎，距底板5cm处绑扎第一个箍筋，距基础顶5cm处绑扎最后一个箍筋，作为标高控制筋及定位筋，柱插筋最上部再绑扎一道定位筋，上下箍筋及定位箍筋绑扎完成后将柱插筋调整到位并用井字木架临时固定，然后绑扎剩余箍筋，保证柱插筋不变形走样，两道定位筋在基础混凝土浇筑完成后，必须进行更换。

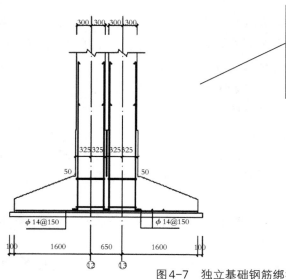

> 经验小指导：钢筋绑扎好后，地面及侧面应搁置保护层塑料垫块，厚度为设计保护层厚度，垫块间距不得大于100mm（视设计钢筋直径确定），以防出现漏筋的质量通病；注意对钢筋的成品保护，不得任意碰撞钢筋，造成钢筋移位。

图4-7　独立基础钢筋绑扎示意

（3）模板安装　钢筋绑扎及相关施工完成后立即进行模板安装（图4-8），模板采用小钢模或木模，利用架子管或木方加固。锥形基础坡度＞30°时，采用斜模板支护，利用螺栓与底板钢筋拉紧，防止上浮，模板上设透气孔和振捣孔；坡度≤30°时，利用钢丝网（间距30cm）防止混凝土下坠，上口设井字木控制钢筋位置。不得用重物冲击模板，不准在吊帮的模板上搭设脚手架，保证模板的牢固和严密。

图4-8　独立基础模板安装

（4）清理　清除模板内的木屑、泥土等杂物，木模浇水湿润，堵严板缝和孔洞。

（5）混凝土浇筑　混凝土应分层连续进行，间歇时间不超过混凝土初凝时间，一般不超过2h，为保证钢筋位置正确，先浇一层5～10cm混凝土固定钢筋，如图4-9所示。

施工小常识：台阶形基础每一台阶高度整体浇筑，每浇筑完一台阶停顿0.5h待其下沉，再浇上一层。分层下料，每层厚度为振动棒的有效长度。防止由于下料过后、振捣不实或漏振、吊帮的根部砂浆涌出等原因造成蜂窝、麻面或孔洞。

图4-9　独立基础混凝土浇筑

（6）混凝土振捣　采用插入式振捣器，插入的间距不大于振捣器作用部分长度的1.25倍。上层振捣棒插入下层3～5cm。尽量避免碰撞预埋件、预埋螺栓，防止预埋件移位。

（7）混凝土找平　混凝土浇筑后，表面比较大的混凝土，使用平板振捣器振一遍，然后用刮杆刮平，再用木抹子搓平。收面前必须校核混凝土表面标高，不符合要求处立即整改。

（8）混凝土养护　已浇筑完的混凝土，应在12h内覆盖和浇水。一般常温养护不得少于7d，特种混凝土养护不得少于14d。养护设专人检查落实，防止由于养护不及时，造成混凝土表面裂缝。

3. 独立基础施工质量控制

① 浇筑混凝土前检查钢筋位置是否正确，振捣混凝土时防止碰动钢筋，浇完混凝土后立即修正甩筋的位置，防止柱筋、墙筋位移。

② 配置梁箍筋时应按内皮尺寸计算，避免量钢筋骨架尺寸小于设计尺寸。

③ 箍筋末端应弯成135°，平直部分长度为10d（d为钢筋的直径）。

④ 浇筑混凝土时应避免出现蜂窝、麻面、漏筋、孔洞等质量通病。

二、条形基础施工

1. 施工步骤

模板的加工及拼装→基础浇筑→浇水养护。

2. 施工做法详解

① 基础模板一般由侧板、斜撑、平撑组成。基础模板安装时，先在基槽底弹出基础边线，再把侧板对准边线垂直竖立，校正调平无误后，用斜撑和平撑钉牢。如基础较大，

可先立基础两端的两侧板，校正后在侧板上口拉通线，依照通线再立中间的侧板。当侧板高度大于基础台阶高度时，可在侧板内侧按台阶高度弹准线，并每隔2m左右准线上钉圆顶，作为浇捣混凝土的标志。每隔一定距离左侧板上口钉上搭头木，防止模板变形。

② 基础浇筑（图4-10）应分段分层连续进行，一般不留施工缝。各段各层间相互衔接，每段长2～3m，逐段逐层呈阶梯形推进，注意先使混凝土充满模板边角，然后浇筑中间部分，以保证混凝土密实。

经验小指导：若在施工过程中因一些原因不能连续施工时，则必须留置施工缝。施工缝应留置在外墙或纵墙的窗口或门口下，或横墙和山墙的跨度中部，必须避免留在内外墙丁字交接处和外墙大角附近。

图4-10　条形基础现场浇筑

③ 当条形基础长度较大时，应考虑在适当的部位留置贯通后浇带，以避免出现温度收缩裂缝和便于进行施工分段流水作业。对超厚的条形基础，应考虑较低水泥水化热和浇筑入模的湿度措施，以免出现过大温度收缩应力，导致基础底板裂缝。

④ 基础浇筑完毕，表面应覆盖和洒水养护，不少于14d，必要时应用保温养护措施，并防止浸泡地基。

⑤ 基础梁底底模使用土模（回填夯实拍平）浇筑混凝土垫层，侧模使用砖贴模。基础梁穿柱钢筋按柱、梁节点核心区配筋。

3. 条形基础施工质量控制

① 基础模板应有足够的强度和稳定性，连接宽度符合规定，模板与混凝土接触面应清理干净并刷隔离剂，基础放线准确。

② 钢筋的品种、质量，焊条的型号应符合设计要求，混凝土的配合比、原材料计量、搅拌养护和施工缝的处理应符合施工规范的要求。

③ 浇筑时每台泵配备6～8台插入式振捣棒，振捣时间控制在20～30s，以混凝土开始注浆和不冒气泡为宜，并应避免漏振、久振和过振，振动棒应快插慢拔，振捣时插入下层混凝土表面10cm以上，间距控制在30～40cm，确保两斜面层间紧密结合。

a. 混凝土不密实，出现蜂窝麻面。

b. 养护不到位，出现温度收缩裂缝。

c.在混凝土浇捣中垫块移位，钢筋紧贴模板，或振捣不密实成漏筋。

三、桩基础施工

1．人工挖孔灌注桩施工

人工挖孔灌注桩（图4-11）是指桩孔采用人工挖掘方法进行成孔，然后安放钢筋笼（图4-12），浇筑混凝土而成的桩。为了确保人工挖孔桩施工过程中的安全，施工时必须考虑预防孔壁坍塌和流砂现象，制订合理的护壁计划。

图4-11　人工挖孔现场图片

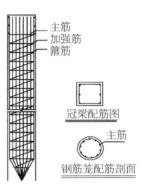

图4-12　钢筋笼示意图

（1）施工步骤及方法　人工挖孔灌注桩施工步骤及方法见表4-5。

表4-5　人工挖孔灌注桩施工步骤及方法

步骤	主 要 内 容
放线定位	按设计图纸放线，定桩位
开挖土方	采取分段开挖，每段高度取决于土壁直立状态的能力，以0.8～1.0m为一施工段。开挖面积的范围为设计桩径加护壁厚度。挖土由人工从上到下逐段进行，同一段内挖土次序先中间后周边；扩底部分采取先挖桩身圆柱体，再按扩底尺寸从上到下削土修成扩底形
测量控制	桩位轴线采取在地面设十字控制网、基准点。安装提升设备时，使吊桶的钢丝绳中心与桩孔中心一致，以作挖土时粗略控制中心线用
支设护壁模板	模板高度取决于开挖土方施工段的高度，一般为1m。护壁中心线控制，系将桩控制轴线，高程引到第一节混凝土护壁上，每节以十字线对中、吊大线锤控制中心点位置，用尺杆找圆周，然后由基准点测量孔深
设置操作平台	用来临时放置混凝土拌和料和灌注护壁混凝土

续表

步骤	主 要 内 容
浇筑护壁混凝土	护壁混凝土要捣实，上下壁搭接50~75mm，护壁采用外齿或内齿式；护壁混凝土强度等级为C25，厚度150mm，护壁内等距放置8根直径6~8mm、长1m的直钢筋，插入下层护壁内，使上下护壁有钢筋拉结，避免某段护壁出现流砂、淤泥而造成护壁因自重而沉裂的现象；第一节混凝土护壁高出地面200mm左右，便于挡水和定位
拆除模板，继续下一段施工	护壁混凝土达到一定强度后（常温下24h）便可拆模，再开挖下一段土方，然后继续支模浇筑混凝土，如此循环，直到挖至设计要求的深度
排除孔底积水，浇筑桩身混凝土	浇筑桩身混凝土前，应先吊放钢筋笼，再次测量孔底虚土厚度，并按要求清除

（2）人工挖孔灌注桩施工质量控制

① 挖出的土方应及时运走，不得堆放在孔口附近，孔口四周2m范围内不得堆放杂物，3m内不得行驶和停放车辆。

② 已挖好的桩孔必须用木板或脚手板、钢筋网片盖好，防止土块、杂物、人员坠落。严禁用草席、塑料布虚掩。

③ 已挖好的桩孔及时放好钢筋笼，办理隐检手续，间隙时间不得超过4h。将混凝土浇灌完毕，防止塌方。

④ 桩顶外圈做好挡土台，防止灌水、掉土。

⑤ 保护好已成型的钢筋笼，不得扭曲、松动变形。要竖直放入井内，不要碰坏井壁，浇灌混凝土时吊桶要垂直放置，防止因混凝土斜向冲击孔壁，破坏护壁上层，造成夹土。

⑥ 钢筋笼不要被泥浆污染，浇灌混凝土时在笼顶部固定牢固，控制钢筋笼上浮。

⑦ 浇灌完毕，复核桩位和桩顶标高。将外露主筋和插筋扶正，保持柱位正确。桩顶压实抹平以后用塑料布或草帘将桩头围好养护，防止混凝土出现收缩、干裂。

⑧ 施工过程妥善保护好场地轴线桩、水准点，不得碾压桩头，弯折钢筋。

2. 混凝土预制桩施工

（1）施工步骤

桩机就位→起吊预制桩→稳桩→打桩→接桩→送桩→检查验收。

（2）施工做法详解

① 桩机就位。打桩机就位时，应对准桩位，保证垂直、稳定，确保在施工中不发生倾斜、移位。在打桩前，用2台经纬仪对打桩机进行垂直度调整，使导杆垂直，或达到符合设计要求的角度。

② 起吊预制桩（图4-13）。先拴好吊桩用的钢丝绳和索具，然后应用索具捆绑在桩上端吊环附近处，一般不宜超过300mm，再启动机器起吊预制桩，使桩尖垂直或按设计

要求的斜角准确地对准预定的桩位中心，缓缓放下插入土中，位置要准确，再在桩顶扣好桩帽或桩箍，即可除去索具。

经验小指导：桩应达到设计强度的70%时方可起吊，达到100%时才能运输；桩在起吊和搬运时必须做到吊点符合设计要求，应平稳和不得损坏。

图4-13　预制桩起吊现场图片

③ 稳桩。桩尖插入桩位后，先用落距较小的轻锤锤1～2次，桩入土一定深度，再调整桩锤、桩帽、桩垫及打桩机导杆，使之与打入方向成一直线，并使桩稳定。10m以内短桩可用线坠双向校正；10m以上或打接桩必须用经纬仪双向校正，不得用目测。打斜桩时必须用角度仪测定、校正角度。观测仪器应设在不受打桩机移动及打桩作业影响的地点，并经常与打桩机成直角移动。桩插入土时垂直度偏差不得超过0.5%。

④ 打桩顺序及方法。打桩顺序及方法如下。

a. 用落锤或单动汽锤打桩时，锤的最大落距不宜超过1m；用柴油锤打桩时，应使锤跳动正常。

b. 打桩宜重锤低击，锤重的选择应根据工程地质条件和桩的类型、结构、密集程度及施工条件来选用。

c. 打桩顺序应根据基础的设计标高，先深后浅；依桩的规格先大后小，先长后短。由于桩的密集程度不同，可由中间向两个方向对称进行或向四周进行，也可由一侧向单一方向进行。

d. 打入初期应缓慢地间断地试打，在确认桩中心位置及角度无误后再转入正常施打。

e. 打桩期间应经常校核检查桩机导杆的垂直度或设计角度。

⑤ 接桩步骤及方法。接桩步骤及方法如下。

a. 在桩长不够的情况下，采用焊接或浆锚法接桩。

b. 接桩前应先检查下节桩的顶部，如有损伤应适当修复，并清除两桩端的污物和杂物等。如下节桩头部严重破坏时应补打桩。

c. 焊接时，其预埋件表面应清洁，上下节之间的间隙应用铁片垫实焊牢。施焊时，先将四角点焊固定，然后对称焊接，并应采取措施减少焊缝变形，焊缝应连续、焊满。

0℃以下时须停止焊接作业，否则需采取预热措施。

d. 浆锚法接桩时，接头间隙内应填满熔化了的硫黄胶泥，硫黄胶泥温度控制在145℃左右。接桩后应停歇至少7min后才能继续打桩。

e. 接桩一般在距地面1m左右时进行。上下节桩的中心线偏差不得大于5mm，节点弯曲矢高不得大于1/1000桩长。

f. 接桩处入土前，应对外露铁件再次补刷防腐漆。

⑥ 送桩。设计要求送桩时，送桩的中心线应与桩身吻合一致方能进行送桩。送桩下端宜设置桩垫，要求厚薄均匀。若桩顶不平，可用麻袋或厚纸垫平。送桩留下的桩孔应立即回填密实。

⑦ 移桩机。移动桩机至下一桩位，按照上述施工程序进行下一根桩的施工。

（3）混凝土预制施工质量监控

① 预制桩必须提前订制，打桩时预制桩强度必须达到设计强度的100%，锤击预制桩，宜采取强度与龄期双控制。蒸养养护时，蒸养后应增加自然养护期1个月后方准施打。

② 桩身断裂。由于桩身弯曲过大、强度不足及地下有障碍物等原因造成，或桩在堆放、起吊、运输过程中产生的断裂没有发现而致。

③ 桩顶破碎。由于桩顶强度不够及钢筋网片不足、主筋距桩顶太小或桩顶不平、施工机具选择不当等原因造成。

④ 桩身移位或倾斜。由于场地不平；打桩机底盘不水平或稳桩不垂直；桩尖在地下遇见硬物；桩尖偏斜或桩体弯曲；桩体压曲破坏；打桩顺序不合理；接桩位置不正等原因造成。

⑤ 接桩处拉脱开裂。连接处表面不干净，连接铁件不平，焊接质量不符合要求，硫黄胶泥接桩时配合比不适，温度控制不当，熬制操作不当等造成硫黄胶泥达不到设计强度要求，接桩上下中心线不在同一条直线上等造成。

第四节　基础防水施工

一、地下水泥砂浆防水施工

1. 施工步骤

基层处理→刷素水泥浆→抹底层砂浆→刷素水泥浆→抹面层砂浆→刷素水泥浆→抹灰程序，接槎及阴阳角做法→水泥砂浆防水层保护。

2. 施工做法详解

（1）基层处理

① 砖砌体基层处理。

a. 将砖墙面残留的灰浆、污物清除干净，充分浇水湿润。

b. 对于用石灰砂浆和混合砂浆砌筑的新砌体，需将砌体灰缝剔进10mm深，缝内呈直角（图4-14）以增强防水层与砌体的黏结力；对水泥砂浆砌筑的砌体，灰缝可不剔除，但已勾缝的需将勾缝砂浆剔除。

图4-14　砖砌体剔缝

1—剔缝不合格；2—剔缝合格

② 料石或毛石砌体基层处理。这种砌体基层处理与混凝土和砖砌体基层处理基本相同。对于石灰砂浆或混合砂浆砌筑的石砌体，其灰缝应剔进10mm，缝内呈直角；对于表面凹凸的石砌体，清理完毕后，在基层表面要做找平层。找平层做法是：先在砌体表面刷水灰比为0.5左右的水泥浆一道，厚约1mm，再抹10～15mm厚的1∶2.5水泥砂浆，并将表面扫成毛面，一次找不平时，隔2d再分次找平。

③ 混凝土基层处理。

a. 混凝土表面用钢丝刷打毛，表面光滑时，用剁斧凿毛，每10mm剁三道，有油污严重时要剥皮凿毛，然后充分浇水湿润。

b. 混凝土表面有蜂窝、麻面、孔洞时，先用凿子将松散不牢的石子剔除，若深度小于10mm时，用凿子打平或剔成斜坡，表面凿毛；若深度大于10mm时，先剔成斜坡，用钢丝刷清扫干净，浇水湿润，再抹素灰2mm厚，水泥砂浆10mm厚，抹完后将砂浆表面横向扫毛；若深度较深时，等水泥砂浆凝固后，再抹素灰和水泥砂浆各一道，直至与基层表面平直，最后将水泥砂浆表面横向扫毛。

c. 当混凝土表面有凹凸不平时，应将凸出的混凝土块凿平，凹坑先剔成斜坡并将表面打毛后，浇水湿润，再用素灰与水泥砂浆交替抹压，直至与基层表面平直，最后将水泥砂浆横向扫毛。

d. 混凝土结构的施工缝，要沿缝剔成八字形凹槽，用水冲洗干净后，用素灰打底，水泥砂浆嵌实抹平。

（2）**刷素水泥浆** 根据配合比将材料拌和均匀，在基层表面涂刷均匀，随即抹底层砂浆（图4-15）。

> 经验小指导：如基层为砌体时，则抹灰前一天用水管把墙浇透，第二天洒水湿润即可进行底层砂浆施工。

图4-15 抹底层砂浆

（3）**抹底层砂浆** 按配合比调制砂浆，搅拌均匀后进行抹灰操作，底灰抹灰厚度为5～10mm，在砂浆凝固之前用扫帚扫毛。砂浆要随拌随用，拌和后使用时间不宜超1h，严禁使用拌和后超过初凝时间的砂浆。

（4）**刷素水泥浆** 抹完底层砂浆1～2d，再刷素水泥砂浆，做法与第一层相同。

（5）**抹面层砂浆** 刷完素水泥浆后，紧接着抹面层砂浆，配合比同底层砂浆，抹灰厚度为5～10mm。抹灰宜与第一层垂直，先用木抹子搓平，后用铁抹子压实、压光。

（6）**刷素水泥浆** 面层抹灰1d后刷素水泥浆，做法与第一层同。

（7）**抹灰程序，接槎及阴阳角做法**

① 抹灰程序：宜先抹立面后抹地面，分层铺抹或喷刷，铺抹时压实抹干和表面压光。

② 防水各层应紧密结合，每层宜连续施工，必须留施工缝时应采用阶梯形槎（图4-16），但离开阴阳角处不得小于200mm。

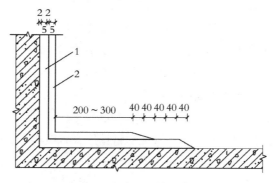

图4-16 阶梯形槎做法示意

1—素灰层；2—水泥砂浆层

③ 防水层阴阳角应做成圆弧形。加入聚合物水泥砂浆的施工要点：掺入聚合物的量要准确计量，拌和、分散均匀，在1h内用完。

（8）**水泥砂浆防水层的养护** 水泥砂浆防水层的养护要点如下。

① 普通水泥砂浆防水层终凝后应及时养护，养护温度不宜低于5℃，并保持湿润，养护时间不得少于14d。

② 聚合物水泥砂浆防水层未达到硬化状态时，不得浇水养护或直接雨水冲刷，硬化后应采用干湿交替的养护方法。在潮湿环境中，可在自然条件下养护。

③ 使用特种水泥、外加剂、掺合料的防水砂浆，养护应按新产品有关规定执行。

3. 水泥砂浆防水施工质量监控

① 水泥砂浆防水层各层之间必须结合牢固，无空鼓现象。

② 水泥砂浆防水层表面应密实、平整，不得有裂纹、起砂、麻面等缺陷；阴阳角处应做成圆弧形。

③ 水泥砂浆防水层施工缝留槎位置应正确，接槎应按层次顺序操作，层层搭接紧密。

二、地下卷材防水施工

水泥砂浆防水属于刚性防水，在自建小别墅施工中，也有很多采用柔性防水，即卷材防水。卷材防水层应采用高聚物改性沥青防水卷材和合成高分子防水卷材。所选用的基层处理剂、胶黏剂、密封材料等配套材料，均应与铺贴的卷材特性相容。下面以施工中常用的热熔铺贴法为例进行卷材防水施工讲解。

1. 施工步骤

基层处理→涂刷基层处理剂→特殊部位加强处理→基层弹分条铺贴线→热熔铺贴卷材→热熔封边→保护层施工。

2. 施工做法详解

（1）**基层清理** 施工前将验收合格的基层清理干净、平整牢固、保持干燥。

（2）**涂刷基层处理剂** 在基层表面满刷一道用汽油稀释的高聚物改性沥青溶液，涂刷应均匀，不得有露底或堆积现象，也不得反复涂刷，涂刷后在常温经过4h后（以不粘脚为准）开始铺贴卷材。

（3）**特殊部位加强处理** 管根、阴阳角部位加铺一层卷材。按规范及设计要求将卷材裁成相应的形状进行铺贴。

（4）**基层弹分条铺贴线** 在处理后的基层面上，按卷材的铺贴方向弹出每幅卷材的铺贴线，保证不歪斜（以后上层卷材铺贴时同样要在已铺贴的卷材上弹线）。

（5）**热熔铺贴卷材** 热熔铺贴卷材施工（图4-17）的步骤及方法如下。

施工小常识：采用双层卷材时，上下两层和相邻两幅卷材的接缝应错开 1/3 ~ 1/2 幅宽，且两层卷材不得相互垂直铺贴。

图4-17 热熔铺贴卷材施工

① 底板垫层混凝土平面部位宜采用空铺法或点粘法，其他与混凝土结构相接触的部位应采用满粘法；采用双层卷材时，两层之间应采用满粘法。

② 将改性沥青防水卷材按铺贴长度进行裁剪并卷好备用，操作时将已卷好的卷材端头对准起点，点燃汽油喷灯或专用火焰喷枪，均匀加热基层与卷材交接处，喷枪距加热面保持300mm左右往返喷烤，当卷材表面的改性沥青开始熔化时即可向前缓缓滚铺卷材。

③ 卷材的搭接。卷材的短边和长边搭接宽度均应大于100mm。同一层相邻两幅卷材的横向接缝应彼此错开1500mm以上，避免接缝部位集中。地下室的立面与平面的转角处，卷材的接缝应留在底板的平面上，距离立面应不小于600mm。

（6）**热熔封边**（图4-18） 卷材搭接缝处用喷枪加热，压合至边缘挤出沥青粘牢。卷材末端收头用沥青嵌缝膏嵌填密实。

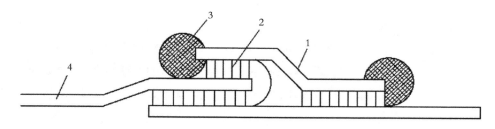

图4-18 热熔封边示意

1—封口条；2—卷材胶黏剂；3—密封材料；4—卷材防水层

（7）**保护层施工** 平面应浇筑细石混凝土保护层；立面防水层施工完，宜采用聚乙烯泡沫塑料片材做软保护层。

3. 地下卷材防水施工质量监控

① 卷材防水层及其转角处、变形缝、穿墙管道等细部做法均须符合要求。

② 卷材防水层的基层应牢固，基面应洁净、平整，不得有空鼓、松动、起砂和脱皮现象；基层阴阳角处应做成圆弧形。

③ 卷材防水层的搭接缝应黏（焊）结牢固，密封严密，不得有皱褶、翘边和鼓泡等缺陷。

④ 侧墙卷材防水层的保护层与防水层应黏结牢固、结合紧密、厚度均匀一致。

第五节　常见不良地基处理方法

一、松土地基处理

在基槽或基坑中，有局部地层发现比较松软的土层。这种土层对地基的承载力影响较大，必须进行处理。一般可以采取以下几种处理方法。

① 基础开挖结束后，应对基土进行钎探，其目的就是通过钢钎打入地基一定深度的击打次数，判断地基持力土质是否分布均匀、平面分布范围和垂直分布的深度。

② 打完钎孔，如无不良现象后，即可进行灌砂处理。灌砂处理时，每灌入300mm深时可用平头钢筋棒捣实一次。

③ 当基槽或基坑开挖后，发现基槽或基坑的中间部位有松土坑时，首先要探明松土坑的深度，将坑中的松软土挖除，使坑的四壁和坑底均应见到天然土为止。如天然土为较密实的黏性土时，用3∶7灰土回填夯实；当天然土为砂土时，用砂或级配砂石回填；天然土若为中密可塑的黏性土或新近沉积黏性土时，可用2∶8灰土分层回填夯实。各类分层回填厚度不得超过200mm。

④ 松软土坑在基槽或基坑中范围过大，且超过了槽、坑的边缘，并且超过部分还挖不到天然土层时，只将松软土坑下部的松土挖出，并且应超过槽、坑边不少于1m，然后按第②条的内容进行处理。

⑤ 松土坑深度大于槽宽或者超过1.5m，这时将松土挖出至天然土，然后用砂石或灰土处理夯实后，在灰土基础上1~2皮砖处或混凝土基础内，防潮层下1~2皮砖处及首层顶板处，加配$\phi 8 \sim \phi 12$的钢筋，长度应为在松土坑宽度的基础上再加1m，以防该处产生不均匀沉降，导致墙体开裂。

⑥ 土坑长度超过5m，应挖出松土，如果坑底土质与槽、坑底土质相同时，可将此部分基础加深，做成1∶2踏步与同端相连，每步高不大于500mm，长度不大于1m。

⑦ 当松土已挖至水位时，应将松土全部挖去，再用砂石或混凝土回填。如坑底在地下水位以下，回填前先用1∶3粗砂与碎石分层回填密实，地下水位以上用3∶7灰土回填夯实至基槽、坑底相平。

二、膨胀土地基处理

膨胀土（图4-19）是一种黏性土，在一定荷载作用下受水潮湿时，土体膨胀；干燥失水时，土体收缩，具有这种性质的土称为膨胀土。膨胀土地基对建筑物有较严重的危害性，必须进行处理。

① 建筑物应尽量建在地形平坦地段，避免挖方与填方改变土层条件和引起湿度的过大变化。

膨胀土

图4-19　膨胀土地基

② 组织好地面排水，使场地积水不流向建筑物或构造物，以免雨水浸泡或渗透。散水宽度不宜大于1.5m。高耸建筑物、构造物的散水应超出基础外缘0.5～1m。散水外缘可设明沟，但应防止断裂。

③ 砖混建筑物的两端不宜设大开间。横墙基础隔段宜前后贯通。

④ 在建筑物周围植树时，应使树与建筑物隔开一定距离，一般不小于5m或为成年树的高度。

⑤ 建筑物地面，一般宜做块料面层，采用砂、块石等做垫层。经常受水浸湿或可能积水的地面及排水沟，应采用不漏水材料。

三、冻土地基处理

冻胀性土具有极大的不稳定性。在寒冷地区，当温度在0℃以下时，由于土中的水分结冰后体积产生膨胀，导致土体结构破坏；气温升高后，冰冻融化，体积缩小而下沉，使上部建筑结构随之产生不均匀下沉，造成墙体开裂、倾斜或者倒塌。

① 在严寒地区，为防止基土冻胀力和冻切力对建筑物的破坏，须选择地势高、地下水位低的场地，上部结构宜选择对冻土变形适应性较好的结构类型，做好场地排水设计。

② 选择建房位置时，应选在干燥较平缓的高阶地上或地下水位低、土的冻胀性较小的建筑场地上。

③ 合理选择基础的埋置深度，采用对克服冻切力较有利的基础形式，如有大放脚的带形基础、阶梯式柱基础、爆扩桩、筏板基础。

④ 基础埋深应大于受冰冻影响的永冻土层或不冻胀土层之上。基础梁下有冻胀土时，应在梁下填充膨胀珍珠岩或炉渣等松散材料，并有100mm左右的空隙。室外散水、坡道、台阶均要与主体结构脱离，散水坡下应填充砂、炉渣等非冻胀性材料。

第五章

主体结构施工

第一节　现浇混凝土柱施工与质量监控

一、柱钢筋安装

1. 施工步骤

套柱箍筋→搭接绑扎竖向受力筋→画箍筋间距线→绑箍筋。

2. 施工做法详解

① 按图纸要求间距，计算好每根柱箍筋数量，先将箍筋套在下层伸出的搭接筋上，然后立柱子钢筋（图5-1）。采用绑扎搭接连接时，在搭接长度内，绑扣不少于3个，绑扣要向柱中心。

施工小常识：如果柱子主筋采用光圆钢筋搭接时，角部弯钩应与模板成45°，中间钢筋的弯钩应与模板成90°。

图5-1　柱钢筋绑扎

② 在立好的柱子竖向钢筋上，按图纸要求用粉笔画箍筋间距线。

③ 按已画好的箍筋位置线，将已套好的箍筋往上移动，由上往下绑扎，宜采用缠

扣绑扎。

④ 箍筋的接头（弯钩叠合处）应交错布置在四角纵向钢筋上；箍筋转角与纵向钢筋交叉点均应扎牢（箍筋平直部分与纵向钢筋交叉点可间隔扎牢），绑扎箍筋时，绑扣相互间应成八字形。箍筋与主筋要垂直。

⑤ 箍筋的弯钩叠合处应沿柱子竖筋交错布置，并绑扎牢固。

⑥ 如箍筋采用90°搭接，搭接处应焊接，焊缝长度单面焊缝不小于5d（d为箍筋直径）。

⑦ 柱上下两端箍筋应加密，加密区长度及加密区内箍筋间距应符合设计图纸要求。如设计要求箍筋设拉筋时，拉筋应钩住箍筋。

⑧ 下层柱的钢筋露出楼面部分，宜用工具式柱箍将其收进一个柱筋直径，以便上层柱的钢筋搭接。当柱截面有变化时，其下层柱钢筋的露出部分，必须在绑扎梁的钢筋之前，先行收缩准确。

3. 柱钢筋安装质量监控

① 在对所绑扎的钢筋画线时，应画出主筋的间距及数量，并要注明箍筋的加密位置。

② 排放钢筋时，要先排主钢筋，后排分布钢筋；梁类结构构件先排纵筋，后排横向箍筋。

③ 排放钢筋时应将受力钢筋的绑扎接头错开。从任一绑扎接头中心到搭接长度的1.3倍区段范围内。有绑扎接头的受力钢筋截面面积占受力钢筋总截面面积百分率：在受拉区不得超过25%；在受压区不得超过50%。绑扎接头中钢筋的横向净距不应小于钢筋直径且不应小于25mm。

④ 钢筋骨架绑扎时应注意绑扎方法，宜用部分反十字扣和套扣绑扎，不得全用一面顺扣，以防钢筋变形。

二、柱模板施工

1. 施工步骤

弹线→找平、定位→加工或预拼装柱模→安装柱模（柱箍）→安装拉杆或斜撑→校正垂直度→检查验收。

2. 施工做法详解

混凝土柱的常见断面有矩形、圆形和附壁柱三种。模板可采用木模板、竹（木）胶合板模板、组合式钢模板和可调式定型钢模板，圆形柱可采用定型加工的钢模板等。

① 当矩形柱采用木质模板（图5-2）时，应预先加工成型。当柱上梁的宽度小于柱宽时，在柱模上口按梁的宽度开缺口，并加设挡口木，以便与梁模板连接牢固、严密。

施工小常识：木模板内侧应刨光（刨光后的厚度为25mm），木模板宜采用竖向拼接，拼条采用50mm×50mm方木，间距300mm,木板接头应设置在拼条处。竹（木）胶合板宜用无齿锯下料，侧面应刨直、刨光，以保证柱四角拼缝严密。竖向龙骨可采用50mm×104mm或100mm×100mm方木，当采用12mm厚竹（木）胶合板作柱模板时，龙骨间距不大于300mm。

图5-2 矩形柱使用木模板

② 矩形柱采用组合式钢模板时，应根据柱截面尺寸做配板设计，柱四角可采用阳角模板，亦可采用连接角模。

③ 安装柱模板时，应先在基础面（或楼面）上弹出柱轴线及边线，按照边线位置钉好压脚定位板再安装柱模板，校正好垂直度及柱顶对角线后，在柱模之间用水平撑、剪刀撑等互相拉结固定。

④ 柱模的固定一般采取设拉杆（或斜撑）或用钢管井字支架固定。拉杆每边设两根，固定于事先预埋在梁或板内的钢筋环上（钢筋环与柱距离宜为3/4柱高），用花篮螺栓或可调螺杆调节校正模板的垂直度，拉杆或斜撑与地面夹角宜为45°。

3. 柱模板安装质量监控

① 柱模安装完毕与邻柱群体固定前，要复查柱模板垂直度、位置，对角线偏差以及支撑、连接件稳定情况，合格后再固定。柱高在4m以上时，一般应四面支撑，柱高超过6m时，不宜单根柱支撑，宜几根柱同时支撑连成构架。

② 对高度大的柱，宜在适当部位留浇灌和振捣口，以便于操作。

三、柱混凝土浇筑

1. 施工步骤

柱混凝土浇筑的主要步骤为：浇筑→振捣→养护。

2. 施工做法详解

① 柱浇筑前底部应先填以30～50mm厚与混凝土配合比相同的减石子砂浆，柱混凝土应分层振捣，使用插入式振捣器时每层厚度不大于500mm，振捣棒不得触动钢筋和预埋件。除上面振捣外，下面要有人随时敲打模板。

② 柱高在3m之内，可在柱顶直接下灰浇筑，超过3m时，应采取措施（用串桶）或在模板侧面开洞安装斜溜槽分段浇筑。每段高度不得超过2m。每段混凝土浇筑后将洞模板封闭严实，并用柱箍箍牢。

③ 柱子的浇筑高度控制在梁底向上15～30mm（含10～25mm的软弱层），待剔除软

弱层后，施工缝处于梁底向上5mm处。

④ 柱与梁板整体浇筑时，为避免裂缝，注意在墙柱浇筑完毕后，必须停歇1～1.5h，使柱子混凝土沉实达到稳定后再浇筑梁板混凝土。

⑤ 浇筑完后，应随时将伸出的搭接钢筋整理到位。

3. 混凝土柱浇筑质量监控

混凝土柱浇筑应符合表5-1和表5-2的规定及要求。

表5-1　混凝土浇筑层厚度　　　　　　　　　　　　　单位：mm

捣实混凝土的方法		浇筑层的厚度
插入式振捣		振捣器作用部分长度的1.25倍
表面振动		200
人工捣固	在基础、无筋混凝土或配筋稀疏的结构中	250
	在梁、墙板、柱结构中	200
	在配筋密集的结构中	150

表5-2　混凝土浇筑和间歇的允许时间　　　　　　　　单位：mm

混凝土强度等级	气温	
	≤25℃	>25℃
≤C30	210	180
>C30	180	150

第二节　现浇混凝土梁施工与质量监控

一、梁钢筋安装

1. 施工步骤

梁钢筋安装的步骤如下。

画梁箍筋位置线　➡　放箍筋　➡　穿梁受力筋　➡　绑扎箍筋

2. 施工工艺详解

① 在梁侧模板上画出箍筋间距、位置线。

② 摆放箍筋，如图5-3所示。

箍筋按照间距和位置进行摆放

图5-3　现场摆放箍筋

③ 穿梁受力筋。

a. 先穿主梁的下部纵向受力钢筋及弯起钢筋（图5-4），将箍筋按已画好的间距逐个分开；穿次梁的下部纵向受力钢筋及弯起钢筋，并套好箍筋；放主次梁的架立筋；隔一定间距将架立筋与箍筋绑扎牢固；调整箍筋间距使间距符合设计要求，绑架立筋，再绑主筋，主次梁同时配合进行。

施工小常识：在加工区制作好弯起筋再绑扎到梁内

图5-4　弯起钢筋

b. 框架梁上部纵向钢筋应贯穿中间节点，梁下部纵向钢筋伸入中间节点锚固长度及伸过中心线的长度要符合设计要求。

　　④ 绑扎箍筋。

　　a. 绑梁上部纵向筋的箍筋，宜用套扣法绑扎（图5-5）。

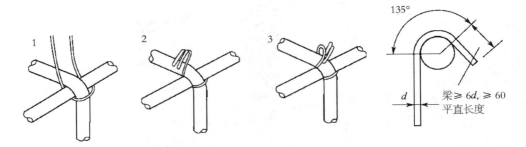

图5-5　套扣绑扎示意

　　b. 箍筋在叠合处的弯钩，在梁中应交错绑扎，箍筋弯钩为135°（图5-6），平直部分长度为10d，如做成封闭箍时，单面焊缝长度为5d（d为箍筋直径）。

图5-6　弯钩135°的箍筋

　　c. 梁端第一个箍筋应设置在距离柱节点边缘50mm处（图5-7）。梁端与柱交接处箍筋应加密，其间距与加密区长度均要符合设计要求。

　　d. 受力筋为双排时，可用短钢筋垫在两层钢筋之间，钢筋排距应符合设计要求。

　　⑤ 梁筋的搭接。

　　a. 梁的受力钢筋直径等于或大于22mm时，宜采用焊接接头，小于22mm时，可采用绑扎接头，搭接长度要符合规定。

经验小指导：第一个箍筋设置在距离柱节点边缘50mm处

图5-7 梁端箍筋设置要求

b. 搭接长度末端与钢筋弯折处的距离，不得小于钢筋直径的10倍。接头不宜位于构件最大弯矩处，受拉区域内HPB300级钢筋绑扎接头的末端应做弯钩（HRB300级钢筋可不做弯钩），搭接处应在中心和两端扎牢。

c. 接头位置应相互错开，当接头采用绑扎搭接时，在规定搭接长度的任一受拉区段内有接头的受力钢筋截面面积不得超过受力钢筋总截面面积的50%。

3. 梁钢筋安装质量控制

① 缺扣、松扣的数量不超过绑扣数的10%，且不应集中。

② 弯钩的朝向应正确，绑扎接头应符合施工规范的规定，搭接长度不小于规定值。

二、梁模板施工

1. 施工步骤

抄平、弹线（轴线、水平线）→支撑架搭设→支柱头模板→铺梁底模板→拉线找平（起拱）→绑扎梁筋→封侧模。

2. 施工做法详解

（1）支撑架搭设

① 梁下支撑架可采用扣件式钢管脚手架、碗扣式钢管脚手架、门式钢管脚手架或定型可调钢支撑搭设。

② 采用扣件式钢管脚手架（图5-8）作模板支撑架时，必须按确保整体稳定的要求设置整体性拉结杆件，立杆全高范围内应至少有两道双向水平拉结杆；底水平杆（扫地杆）宜贴近楼地面（小于300mm）；水平杆的步距（上下水平杆间距）不宜大于1500mm；梁模板支架宜与楼板模板支架综合布置，相互连接、形成整体；模板支架四边与中间每隔四排支架立杆应设置一道纵向剪刀撑，由底至顶连续设置；高于4m的模板支架，其两端与中间每隔4m立杆从顶层开始向下每隔2步设置一道水平剪刀撑。

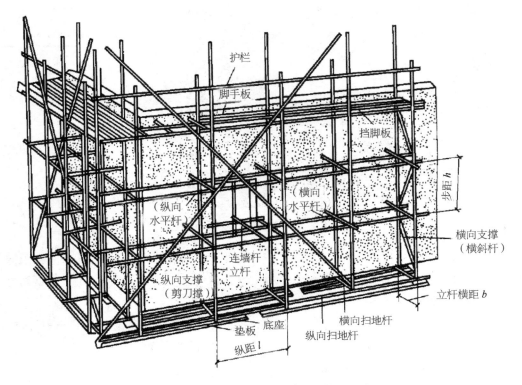

图5-8　落地扣件式钢管脚手架构造示意

③ 用碗扣式钢管脚手架系列构件可以搭设不同组架密度、不同组架高度，以承受不同荷载的支撑架。梁模板支架宜与楼板模板支架共同布置，对于支撑面积较大的支撑架，一般不需把所有立杆都连成整体搭设，可分成若干个支撑架，每个支撑架的高宽比控制在3：1以内即可，但至少有两跨（三根立杆）连成整体。支撑架的横杆步距视承载力大小而定，一般取1200～1800mm，步距越小承载力越大。

④ 底层支架应支承在平整坚实的地面上，并在底部加木垫板或混凝土垫块，确保支架在混凝土浇筑过程中不会发生下沉。

（2）梁底模铺设　按标高拉线调整支架立柱标高，然后安装梁底模板。当梁的跨度大于等于4m时，应按设计要求起拱。如设计无要求时，跨中起拱高度为梁跨度的1‰～3‰。主次梁交接时，先主梁起拱，后次梁起拱。

（3）梁侧模板　根据墨线安装梁侧模板、压脚板、斜撑等。梁侧模板制作高度应根据梁高及楼板模板碰帮或压帮（图5-9）确定。

当梁高超过700mm时，应设置对拉螺栓紧固。

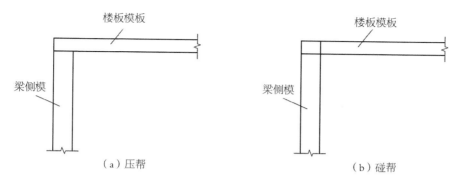

图 5-9 梁侧模制作

（4）采用组合式钢模板作梁模板 当采用组合式钢模板作梁模板时，可采用成大块再用吊车吊装，或者单片预组拼后吊装，以及整体吊装预拼这三种方式，具体内容见表5-3。

表5-3 组合式钢模板的拼装方式及内容

拼装方式	内　容
单块就位组拼	复核梁底标高，校正轴线位置无误后，搭设和调平梁模支架（包括安装水平拉杆和剪刀撑），固定钢楞或梁卡具，再在横楞上铺放梁底模，拉线找直，并用钩头螺栓与钢楞固定，拼接角模，然后绑扎钢筋，安装并固定两侧模板（有对拉螺栓时插入对拉螺栓，并套上套管），按设计要求起拱。安装钢楞，拧紧对拉螺栓，调整梁口平直，复核检查梁模尺寸。安装框架梁模板时，应加设支撑，或与相邻梁模板连接；安装有楼板梁模板时，在梁侧模上连接好阴角模，与楼板模板拼接
单片预组拼	检查预组拼的梁底模和两侧模板的尺寸、对角线、平整度及钢楞连接以后，先把梁底模吊装就位并与支架固定，再分别吊装两侧模板，与底模拼接后设斜撑固定，然后按设计要求起拱
整体预拼	当采用支架支模时，在整体梁模板吊装就位并校正后，进行模板底部与支架的固定，侧面用斜撑固定；当采用桁架支模时，可将梁卡具、梁底桁架全部先固定在梁模上。安装就位时，梁模两端准确安放在立柱上

（5）圈梁模板支设 圈梁模板支设一般采用扁担支模法：在圈梁底面下一皮砖中，沿墙身每隔0.9～1.2m留60mm×120mm洞口，穿100mm×50mm木底楞作扁担，在其上紧靠砖墙两侧支侧模，用夹木和斜撑支牢，侧板上口设撑木和拉杆固定。

3. 梁模板施工质量控制

① 梁口与柱头模板的连接特别重要，一般可采用角模拼接，当角模尺寸不符合要求时，宜专门设计配板，不得用方木、木条镶拼。底层梁模支架下的土地面，应夯实平

整，并按要求设置垫木，要求排水通畅。多层支设时，应使上下层支柱在一条垂直线上，支柱下亦须垫通长脚手板。

② 单片预组拼和整体组拼的梁模板，在吊装就位拉结支撑稳固后，方可脱钩。五级以上大风时，应停止吊装。

③ 采用扣件钢管脚手作支架时，扣件要拧紧，要抽查扣件的扭力矩，横杆的步距要按设计要求设置。采用桁架支模时，要按事先设计的要求设置，桁架的上下弦要设水平连接，拼接桁架的螺栓要拧紧，数量要满足要求。

三、梁混凝土浇筑

1. 施工步骤

柱混凝土浇筑的主要步骤为：浇筑→振捣→养护。

2. 施工做法详解

① 梁、板应同时浇筑，浇筑方法应由一端开始用"赶浆法"，即先浇筑梁，根据梁高分层浇筑成阶梯形，当达到板底位置时再与板的混凝土一起浇筑，随着阶梯形不断延伸，梁板混凝土浇筑连续向前进行。

② 与板连成整体高度大于1m的梁，允许单独浇筑，其施工缝应留在板底以上15～30mm处。浇捣时，浇筑与振捣必须紧密配合，第一层下料慢些，梁底充分振实后再下二层料，每层均应振实后再下料，梁底及梁帮部位要注意振实，振捣时不得触动钢筋及预埋件。

③ 梁柱节点钢筋较密时，浇筑此处混凝土时宜用小直径振捣棒振捣，采用小直径振捣棒应另计分层厚度。

④ 梁柱节点核心区处混凝土强度等级相差2个及2个以上时，混凝土浇筑留槎按设计要求执行。该处混凝土坍落度宜控制在80～100mm。

⑤ 浇筑楼板混凝土的虚铺厚度应略大于板厚，用振捣器顺浇筑方向及时振捣，不允许用振捣棒铺摊混凝土。在钢筋上挂控制线，保证混凝土浇筑标高一致。顶板混凝土浇筑完毕后，在混凝土初凝前，用3m长杠刮平，再用木抹子抹平，压实刮平遍数不少于两遍，初凝时加强二次压面，保证大面平整、减少收缩裂缝。浇筑大面积楼板混凝土时，提倡使用激光铅直、扫平仪控制板面标高和平整。

⑥ 施工缝位置：宜沿次梁方向浇筑楼板，施工缝应留置在次梁跨度的中间1/3范围内。施工缝表面应与梁轴线或板面垂直，不得留斜槎。复杂结构施工缝留置位置应征得设计人员同意。施工缝宜用齿形模板挡牢或采用钢板网挡支牢固。也可采用快易收口网，直接进行下段混凝土的施工。

⑦ 施工缝处应待已浇筑混凝土的抗压强度不小于1.2MPa时，才允许继续浇筑。在继续浇筑混凝土前，施工缝混凝土表面应凿毛，剔除浮动石子，并用水冲洗干净。模板

留置清扫口，用空压机将碎渣吹净。水平施工缝可先浇筑一层30～50mm厚与混凝土同配比减石子砂浆，然后继续浇筑混凝土，应细致操作振实，使新旧混凝土紧密结合。

3. 梁混凝土浇筑质量控制

梁混凝土浇筑质量控制的内容参见"柱混凝土浇筑质量控制的内容"。

第三节　现浇混凝土板施工与质量监控

一、楼板钢筋安装

1. 施工步骤

模板上弹线→绑板下层钢筋→水电工序插入→绑板上层钢筋→设置马凳及保护层垫块。

2. 施工做法详解

楼板钢筋的安装步骤及施工要点见表5-4。

表5-4　楼板钢筋的安装步骤及施工要点

步骤	施 工 要 点
模板上弹线	清理模板上面的杂物，按板筋的间距用墨线在模板上弹出下层筋的位置线。板筋起始筋距梁边为50mm
绑板下层钢筋	按弹好的钢筋位置线，按顺序摆放纵横向钢筋。板下层钢筋的弯钩应竖直向上，下层筋应伸入到梁内，其长度应符合设计的要求
水电工序插入	预埋件、电气管线、水暖设备预留孔洞等及时配合安装
绑板上层钢筋	按上层筋的间距摆放好钢筋，上层筋通常为支座负弯矩钢筋，应横跨梁上部，并与梁筋绑扎牢固；上层筋的直钩应垂直朝下，不能直接落在模板上；上层筋为负弯矩钢筋，每个相交点均要绑扎，绑扎方法同下层筋
设置马凳及保护层垫块	如板为双层钢筋，两层筋之间必须加钢筋马凳，以确保上部钢筋的位置。钢筋马凳应设在下层筋上，并与上层筋绑扎牢靠，间距800mm左右，呈梅花形布置；在钢筋的下面垫好砂浆垫块（或塑料卡），间距1000mm，梅花形布置。垫块厚度等于保护层厚度，应满足设计要求

3. 楼板钢筋安装质量控制

① 板钢筋安装前，清理模板上面的杂物，并按主筋、分布筋间距在模板上弹出位置线。按弹好的线，先摆放受力主筋，后放分布筋。预埋件、电线管、预留孔等及时配合安装。在现浇板中有板带梁时，应先绑板带梁钢筋，再摆放板钢筋。

② 绑扎板筋时一般用顺扣或八字扣，除外围两根筋的相交点应全部绑扎外，其余

各点可交错绑扎（双向板相交点需全部绑扎）。

③ 板钢筋的下面垫好砂浆垫块，一般间距为1.5m。垫块的厚度等于保护层厚度；钢筋搭接长度与搭接位置的要求符合规定。

二、楼板模板施工

1．施工步骤

楼板模板主要施工步骤为：支架搭设→龙骨铺设、加固→楼板模板安装→楼板模板预检。

2．施工做法详解

（1）**楼板模板支架搭设** 楼板模板支架搭设要点同梁模板支架搭设，一般应与梁模板支架统一布置。为加快模板周转，模板下立杆可部分采用"早拆柱头"，使模板拆除时，带有"早拆柱头"的立杆仍保持不动，继续支撑混凝土，从而减小新浇混凝土的支撑跨度，使拆模时间大大提前。使用碗扣式脚手架（图5-10）作支撑架配备"早拆柱头"，一般配置2.5～3层楼立杆、1.5～2层横

图5-10　碗扣式脚手架

杆、1～1.5层模板，即能满足三层周转的需要。"早拆柱头"应根据楼板跨度设置，跨度4m以内，可在跨中设一排；6m以内设两排；8m以内设三排，即可将新浇混凝土的支撑跨度减小至2m以内，从而使新浇混凝土要求的拆模强度从100%或75%减小到50%。

（2）**采用桁架作支撑结构** 一般应预先支好梁、墙模板，然后将桁架按模板设计要求支设在梁侧模通长的型钢或方木上，调平固定后再铺设模板，如图5-11所示。

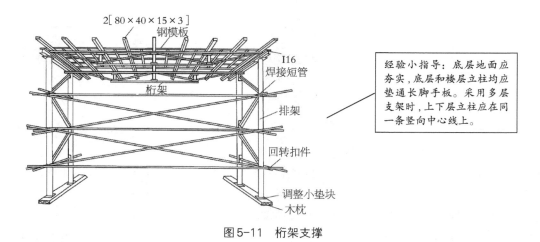

> 经验小指导：底层地面应夯实，底层和楼层立柱均应垫通长脚手板。采用多层支架时，上下层立柱应在同一条竖向中心线上。

图5-11　桁架支撑

（3）模板安装

① 安装楼板模板支柱之前应先铺垫板。垫板可用50mm厚脚手板或50mm×100mm木方，长度不小于400mm，当施工荷载大于1.5倍设计使用荷载或立柱支设在基土上时，垫通长脚手板。采用多层支架支模时，支柱应垂直，上下层支柱应在同一竖向中心线上。

② 严格按照各房间支撑图支模。从边跨侧开始安装，先安第一排龙骨和支柱，临时固定后再安装第二排龙骨和支柱，依次逐排安装。支柱和龙骨间距应根据模板设计确定，碗扣式脚手架还要符合模数要求。

③ 调节支柱高度，将大龙骨找平。楼板跨度大于或等于4m时应按设计要求起拱，当设计无明确要求时，一般起拱高度为跨度的1/1000～1.5/1000。

④ 铺设定型组合钢模板。可从一侧开始铺，每两块板间纵向边肋上用U形卡连接，U形卡与L形插销应全部安满。每个U形卡卡紧方向应正反相间，不要同一方向。楼板大面积均应采用大尺寸的定型组合钢模板块，在拼缝处可采用窄尺寸的拼缝模板或木板代替。当采用木板时，板面应高于钢模板板面2～3mm，但均应拼缝严密不得漏浆。

⑤ 楼板模板铺完后，用水准仪测量模板标高，进行校正，并用靠尺检查平整度。

3. 楼板模板安装质量监控

模板采用单块就位组拼，宜以每个节间从四周先用阴角模板与墙、梁模板连接，然后向中央铺设，不合模数时用木板嵌补，应放在每开间的中间部位。相邻两板边肋应按设计要求用U形卡连接，也可以用钩头螺栓与钢龙骨连接。

三、楼板混凝土浇筑

1. 施工步骤

楼板混凝土浇筑的主要施工步骤：浇筑→振捣→养护。

2. 施工做法详解

由于混凝土浇筑过程中楼板、梁都是一起浇筑的，所以楼板混凝土浇筑的内容见"梁混凝土浇筑"的具体做法。

3. 楼板混凝土浇筑质量控制

楼板混凝土浇筑质量控制的内容参见"柱混凝土浇筑质量控制的内容"。

第四节 常见构造做法施工

一、楼梯施工

楼梯通常由梯段、平台和栏杆三部分组成。自建小别墅经常采用的有直上式单跑楼梯、转角楼梯、平行双跑楼梯这三种形式。

自建小别墅的楼梯一般还是采用防火性能好、坚固耐用的钢筋混凝土楼梯。根据施工方法的不同,钢筋混凝土楼梯又分为现浇式和预制件装配式两种。

1. 楼梯组成的主要内容

楼梯组成的构件及内容见表5-5。

表5-5 楼梯组成的构件及内容

名称	内容
楼梯梯段	楼梯梯段是联系两个不同标高平台的倾斜结构,由若干个踏步构成。每个踏步一般由两个相互垂直的踏面和踢面组成。踏面和踢面之间的尺寸决定了楼梯的坡度。为使人们上下楼梯时不致过度疲劳及适应人行走的习惯,每个梯段的踏步数量最多不超过18步,最少不少于3步。两面楼梯之间的空隙称为楼梯井,其宽度一般在100mm左右 在自建小别墅中,楼梯均为自家使用,人数少,所以楼梯的宽度一般为900mm,但不得低于850mm。但为了搬运粮食等物品,也可加宽到1000mm;踏步的高度通常为150~175mm,宽度为250~300mm;楼梯的允许坡度范围在23°~45°之间。通常情况下,应当把楼梯坡度控制在30°~35°以内比较理想
楼梯平台	楼梯平台是楼梯转角处或两段楼梯交接处连接两个楼段的水平构件,供使用时的稍作休息。平台通常分两种,与楼层标高一致的平台通常称为楼层平台,位于两个楼层之间的平台称为中间平台 自建小别墅的楼梯平台必须大于或等于梯段宽度,一般情况下取1~1.1m,楼梯平台下,为存放物品或作他用,当作为过道时,平台下的净高最小为2m
栏杆和扶手	栏杆、栏板上部供人们手扶的连续斜向配件称为扶手。楼梯栏杆应使用坚固、耐久的材料制作,并具有一定的强度和抵抗侧向推力的能力。同时,应充分考虑到栏杆对室内空间的装饰效果,具有增加美观的作用。扶手应使用坚固、耐磨、光滑、美观的材料制作。在保证安全的情况下,扶手高度一般取900~1000mm

2. 现浇钢筋混凝楼梯

现浇钢筋混凝土楼梯的楼梯段和平台整体浇筑在一起,整体性好、刚度大、抗震性能好,但施工进度慢、施工程序较复杂、耗费模板多。

3. 预制装配式钢筋混凝土楼梯

装配式楼梯的构造形式较多，但在自建小别墅施工中，应用最多的是小型构件装配式楼梯。

小型构件装配式楼梯的构件尺寸小、重量轻、数量多，一般把踏步板作为基本构件。小型构件装配式楼梯主要是悬挑式和组砌式。

（1）预制踏步的形状 钢筋混凝土预制踏步的断面形状，一般有一字形、L形和三角形三种，具体见表5-6。

表5-6 预制踏步的形状

名称	主要内容	图例
一字形	一字形踏步制作简单方便，踏步的宽度较自由，简支和悬挑均能使用，但板厚稍大，配筋量也较多。装配时，踢面可做成露空式，也可以用块材砌成踢面	360～400
L形	在L形踏步中，有正L形和倒L形之分。当肋面向下，接缝在踢面下，踏步高度可在接缝处做小范围的调整。肋面向上时，接缝在踏面下，平板端部可伸出下面踏步的肋边，形成踏口，踏面和踢面看上去较完整。下面的肋可做上面板的支承，这种断面的梯板可以做成悬挑式楼梯 在L形预制踏步中，为了加强踏步的悬挑能力，往往会在板的一端做成实体，其长度一般为240mm	140～180 240～300
三角形	三角形踏步最大的特点是安装后底面平整，但踏步尺寸较难调整。采用这种踏步时，一定要把踏步尺寸计算准确	220～240 20

（2）悬挑式楼梯 悬挑式楼梯又称悬臂踏板楼梯。它由单个踏步板组成楼梯段，踏步板一端嵌入墙内，另一端形成悬挑，由墙体承担楼梯的荷载，梯段与平台之间没有传力关系，因此可以取消平台梁。悬挑楼梯是把预制的踏步板，根据设计依次将一字形、正L形、倒L形或三角形预制踏步砌入楼梯间侧墙，组成楼梯段。

悬挑楼梯的悬臂长度一般不超过1.5m，完全可以满足小别墅对楼梯的要求，但在地震区不宜采用。楼梯的平台板可以采用钢筋混凝土实心板、空心板或槽形板，搁置在楼梯间两侧墙体上。

（3）**组砌式楼梯** 组砌式楼梯平台是用空心板安放在楼梯间两边的墙体内，再将一定长度尺寸的空心板斜靠于平台板边，然后根据踏步的踏面和踢面尺寸，用普通砖在斜放的板面上进行砌筑踏步。这种方法简单易行，但必须使斜放的空心板具有一定的稳定性。

4．踏步防滑条的设置

踏步前缘是磨损最厉害的部位，同时也容易受到其他硬物的破坏，并且为了有效地控制面层的防滑，通常是在踏步口做防滑条，这样，不但可以提高踏步前缘的耐磨程度，而且还能起到保护及点缀美化作用。

防滑条的长度一般按踏步长度每边减去150mm。防滑材料可采用金属铜条、橡胶条、金刚砂等。常见的几种做法见表5-7。

表5-7　踏步防滑条的做法

名称	图　　例
防滑凹槽	30　10 10 10
橡胶防滑条	硬橡胶条 30　25　12　10

名称	图 例
金刚砂防滑条	1∶1水泥金刚砂 （或铁屑水泥） 30　20 12 10
金属包角	铝合金或钢防滑锐角 （成品），用φ3.5塑料胀 管固定，中距≤300 50 20

二、雨篷施工

　　自建小别墅雨篷多为小型的钢筋混凝土悬挑构件。较小的雨篷常为挑板式，由雨篷悬挑雨篷板，雨篷梁兼做过梁。雨篷板悬挑长度一般为800～1500mm。挑出长度较大时，一般做成挑梁式。为使底板平整可将挑梁上翻，做成倒梁式，梁端留出泄水孔。泄水孔应留在雨篷的侧面，不要留在正面，如图5-12所示。

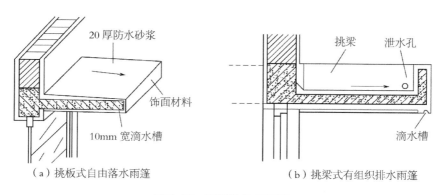

（a）挑板式自由落水雨篷　　　　　　　　（b）挑梁式有组织排水雨篷

图5-12　雨篷构造示意图

雨篷施工质量监控的内容如下。

① 防倾覆，保证雨篷梁上有足够的压重。这是自建小别墅必须注意的主要内容。

② 板面上要做好排水和防水。雨篷顶面要用防水砂浆抹面，厚度一般为20mm，并以1%的坡度坡向排水口，防水砂浆应顺墙上抹至少300mm。

三、后浇带施工

后浇带（图5-13）是在建筑施工中为防止现浇钢筋混凝土结构由于自身收缩不均或沉降不均可能产生的有害裂缝，按照设计或施工规范要求，在基础底板、墙、梁相应位置留设的临时施工缝。

图5-13　后浇带现场施工照片

1. 施工步骤

后浇带的清理→后浇带浇筑→后浇带养护。

2. 施工做法详解

（1）后浇带两侧混凝土处理　楼板板底及立墙后浇带两侧混凝土与新鲜混凝土接触的表面，用匀石机按弹线切出剔凿范围及深度，剔除松散石子和浮浆，露出密实混凝土，并用水冲洗干净。

（2）**后浇带清理**　清除钢筋上的污垢及锈蚀，然后将后浇带内积水及杂物清理干净，支设模板。

（3）**后浇带混凝土浇筑**

① 后浇带混凝土施工时间应按设计要求确定，当设计无要求时，应在其两侧混凝土龄期达到42d后再施工，但高层建筑的沉降后浇带应在结构顶板浇筑混凝土14d后进行。

② 后浇带浇灌混凝土前，在混凝土表面涂刷水泥净浆或铺与混凝土同强度等级的水泥砂浆，并及时浇灌混凝土。

③ 混凝土浇灌时，避免直接靠近缝边下料。机械振捣宜自中央向后浇带接缝处逐渐推进，并在距缝边80～100mm处停止振捣，然后辅助人工捣实，使其紧密结合。

（4）混凝土养护

① 后浇带混凝土浇筑后8～12h以内根据具体情况采用浇水或覆盖塑料薄膜法养护。

② 后浇带混凝土的保湿养护时间应不少于28d。

3. 后浇带施工质量监控

① 结构主体施工时，在后浇带两侧应采取防护措施，防止破坏防水层、钢筋及泥浆灌入底板后浇带。底板及顶板后浇带均应在混凝土浇筑完成后的养护期间内，及时用单皮砖挡墙（或砂浆围堰）及多层板加盖保护，防止泥浆及后续施工对后浇带接缝处产生污染。

② 后浇带混凝土施工前，后浇带部位和外贴式止水带（根据设计或施工方案要求选用）应予以保护，严防落入杂物和损伤外贴式止水带。

③ 后浇带混凝土剔凿、清理时，应避免损坏原有预埋管线和钢筋。

④ 对于梁、板后浇带应支顶严密、避免新浇筑混凝土污染原成型混凝土底面。

四、施工缝施工

受到施工工艺的限制，或者是按施工计划中断施工而形成的接缝称为施工缝。混凝土结构由于分层浇筑，在本层混凝土与上一层混凝土之间形成的缝隙就是最常见的施工缝。所以施工缝并不是真正意义上的"缝"，它只是因后浇筑混凝土超过初凝时间，而与先浇筑的混凝土之间存在一个结合面。

地下围护结构采用现浇混凝土时，必然留有施工缝，而施工缝是混凝土结构防水的薄弱部位，如果处理

施工缝

图5-14　施工缝

不当，极易产生漏水。根据混凝土施工的特性，在现场施工过程中，一般都是预留水平施工缝，如图5-14所示。

一般来说，施工缝通常用止水带、遇水膨胀止水条、止水胶、水泥基渗透结晶型防水涂料（表面涂刷）和预埋注浆管这些处理方法进行防水处理。施工缝防水处理的方法主要根据不同的防水设防等级和施工部位而定，一般设计都有具体的规定，如果设计没有要求，可以参考表5-8选用。

表5-8　施工缝防水处理方法

防水等级	水平施工缝	垂直施工缝	备注
一级设防	止水带+注浆管	止水胶（条）+水泥基渗透结晶型防水涂料	高等级防水要求一般联合使用
二级设防	止水带	止水胶（条）	单一方法即可

① 墙体水平施工缝应留设在高出底板表面不小于300mm的墙体上，如图5-15所示。拱、板与墙结合的水平施工缝宜留在拱、板与墙交接处以下150～300mm处；垂直施工缝要避开地下水和裂隙水较多的地段，并最好与变形缝相结合。

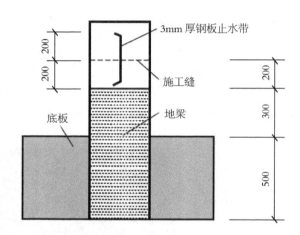

图5-15　水平施工缝留设位置示意

② 在施工缝处继续浇筑混凝土时，已经浇筑的混凝土抗压强度不应小于1.2MPa。

③ 水平施工缝浇筑混凝土前，应将其表面浮浆和杂物清除，然后铺设净浆、涂刷混凝土界面处理剂或水泥基渗透结晶型防水涂料，再铺30～50mm厚的1∶1水泥砂浆，并及时浇筑混凝土。

④ 垂直施工缝浇筑混凝土之前，应将其表面清理干净，再涂刷混凝土界面处理剂或水泥基渗透结晶型防水涂料，并及时浇筑混凝土。

⑤ 中埋式止水带（图5-16）及外贴式止水带（图5-17）埋设位置要准确，固定要牢靠。

⑥ 遇水膨胀止水条应具有缓膨胀性能；止水条与施工缝基面应密贴，中间不得有空鼓、脱离等现象（图5-18）；止水条应牢固地安装在施工缝表面或预留凹槽内；止水条采用搭接连接时，搭接宽度不得小于30mm。

⑦ 遇水膨胀止水胶（图5-19）应采用专用注胶器挤出并黏结在施工缝表面，做到

连续、均匀、饱满，无气泡和孔洞，挤出宽度及厚度应符合设计要求。止水胶挤出成形后，固化期内应采取临时保护措施；止水胶固化前不得浇筑混凝土。

图5-16　中埋式钢板止水带施工

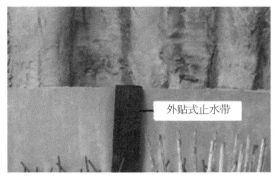

图5-17　外贴式橡胶止水带施工

图5-18　雨水膨胀止水条施工

图5-19　止水胶施工

⑧ 预埋注浆管应设置在施工缝断面中部（图5-20），注浆管与施工缝基面应密贴并固定牢靠，固定间距宜为200～300mm；注浆导管与注浆管的连接应牢固、严密，导管埋入混凝土内的部分应与结构钢筋绑扎牢固，导管的末端应临时封堵严密。

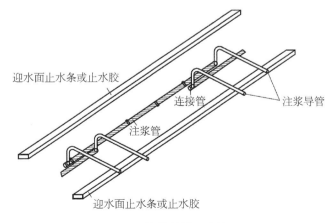

图5-20　注浆管设置方法

第六章

砌筑工程施工

第一节　不同砌筑形式的比较

一、全顺砌法

全顺砖砌法（图6-1）又称条砌法，即每皮砖全部用顺砖砌筑而成，且上下皮间的竖缝相互错开1/2砖的长度，仅适合于半砖墙（120mm）的砌筑。

二、一顺一丁砌法

一顺一丁砌法（图6-2）又称为满条砌法，即一皮砖全部为顺砖与一皮全部丁砖相间隔砌筑的方法，上下皮间的竖缝均应相互错开1/4砖的长度，这是常见的一种砌砖方法。

图6-1　全顺砌筑法示意

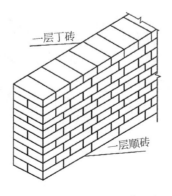

图6-2　一顺一丁法示意

一顺一丁砌法按砖缝形式的不同分为"十字缝"和"骑马缝"。十字缝的构造特点是上下层的顺向砖对齐，见图6-3。骑马缝的构造特点是上下层的顺向砖相互错开半砖，见图6-4。

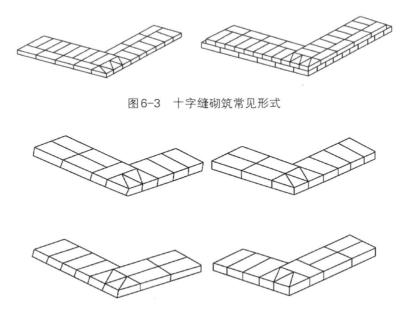

图6-3　十字缝砌筑常见形式

图6-4　骑马缝砌筑常见形式

三、三顺一丁砌法

三顺一丁砌法（图6-5）是一面墙的连续三皮中全部采用顺砖与另一皮全为丁砖上下相间隔的砌筑方法，上下相邻两皮顺砖竖缝错开1/2砖长，顺砖与丁砖间竖缝错开1/4砖长。

图6-5　三顺一丁砌法

四、梅花丁砌法

梅花丁砌法（图6-6）是一面墙的每一皮中均采用丁砖与顺砖左右间隔的砌成。上下相邻层间上皮丁砖坐中于下皮顺砖，上下皮间竖缝相互错开1/4砖长。

梅花丁砌法是常用的一种砌筑方法，并且最适于砌筑一砖墙或一砖半墙。当砖的规格偏差较大时，采用梅花丁砌法可保证墙面的整齐性。

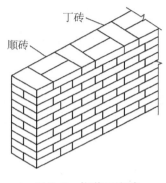

图6-6　梅花丁砌法

第二节　常见砌体的细部做法施工

一、砖墙防潮具体做法

在实际中，能够看到不少房屋墙体有明显的潮湿痕迹，抹灰层泛碱严重，粉化脱落等现象，这都是墙体的防潮措施不到位所导致的。墙体中设置防潮层的目的就是防止土壤中的水分或潮气沿基础墙中的微小毛细管上升而渗入墙内，也是用来防止滴落地面的雨水溅到墙面后渗入墙内，导致墙身受潮。因此，在砌筑过程中，必须在内、外墙脚部位连续设置防潮层。

1. 确定防潮层的位置

防潮层在构造形式上主要有水平防潮层和垂直防潮层。设置防潮层的位置应根据当地的地理位置和自然条件来确定。

① 水平防潮层一般位于室内地面不透水垫层范围以内，如混凝土垫层，可隔绝地面潮气对墙身的侵蚀，通常在-0.06m标高处设置，而且至少要高于室外地坪，以防雨水溅湿墙身，如图6-7所示。

② 当地面垫层为碎石、炉渣等透水材料时，水平防潮层的位置应设在垫层范围内，在与室内地面平齐或高于室内地面一皮砖的地方，即在0.06m处，如图6-8所示。

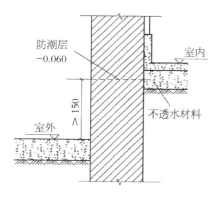

图6-7　不透水材料防潮层设置

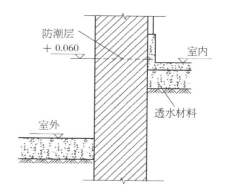

图6-8　透水材料防潮层设置

③ 当两相邻房间之间室内地面有高差时，应在墙身内设置高低两道水平防潮层，并在靠土壤一侧设置垂直防潮层，将两道水平防潮层连接起来，以避免回填土方中的潮气侵入墙身，如图6-9所示。

④ 如果是采用混凝土或石砌勒脚时，可以不设水平防潮层，或者是将地圈梁提高至室内地坪以上来代替水平防潮层，如图6-10所示。

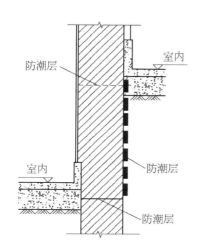

图6-9　室内外有高差时的防潮层设置

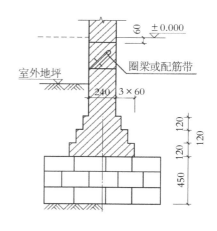

图6-10　用圈梁代替防潮层

2. 防潮层的施工方法

水平防潮层施工的方法如下。

（1）**防水砂浆防潮层** 防水砂浆防潮层的整体性较好、抗震能力强，适用于地震多发地区、独立砖柱和振动较大的砖砌体中。在设置防潮层时，在防水位置抹一层厚20～25mm、掺3%～5%防水剂的1：2水泥砂浆，或直接用防水砂浆砌筑4～6皮砖。

（2）**细石混凝土防潮层** 细石混凝土防潮层适用于整体刚度要求较高的建筑中。在需设防潮层的位置铺设60mm厚C20细石混凝土，并内配3根$\phi6$或$\phi8$的纵向钢筋和$\phi6@250$的横向钢筋，以提高其抗裂能力。

当相邻室内地面存在高差或室内地面低于室外地坪时，除设置水平防潮层外，而且还要对高差部位的垂直墙面做防潮处理。方法是在迎水和潮气的垂直墙面上先用防水砂浆进行抹面，然后再涂两道高聚物改性沥青防水涂料，也可以直接采用掺有3%～5%防水剂的砂浆抹15～20mm厚，如图6-11所示。

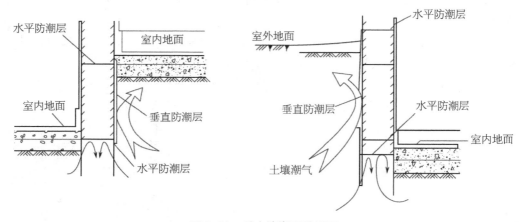

图6-11　垂直防潮层的设置

二、砖墙的墙脚、勒脚与踢脚的具体做法

1. 墙脚

墙脚一般是指基础以上、室内地面以下的墙段。由于墙脚所处的位置常受雨、地表水和土壤中水的侵蚀，可使墙身受潮，饰面层粉化脱落，因此，在构造上，砖墙脚应采用必要的措施着重处理好墙身防潮。

2. 勒脚

勒脚是外墙身接近室外地面处的表面保护和饰面处理部分。其高度一般指位于室内地坪与室外地面的高差部分，有时为了立面的装饰效果也有将建筑物底层窗台以下的部分视为勒脚。勒脚可用不同的饰面材料处理，必须坚固耐久、防水防潮和饰面美观。勒脚常用的构造做法见表6-1。

表6-1　勒脚常用的构造做法

常用勒脚名称及图例		
抹灰勒脚	贴面勒脚	石材勒脚

3．踢脚

踢脚（图6-12）是指外墙内侧或内墙两侧的下部和室内地面与墙交接处的构造。其目的是加固并保护内墙脚，遮盖墙面与楼地面的接缝，防止此处渗漏水、掉灰或灰尘污染墙面。

施工小指导：踢脚的高度一般为100～150mm。有时为凸出墙面效果或防潮，也可将其延伸到900～1800mm，此时踢脚即变为墙裙。常用的面层材料是水泥砂浆、水磨石、木材、瓷砖、油漆等。

图6-12　室内踢脚

三、砖拱、过梁、檐口的具体做法

① 砖平拱砌筑时，在拱脚两边的墙端砌成斜面，斜面的斜度为1/5～1/4，拱脚下面应伸入墙内不小于20mm。在拱底处支设模板，模板中部应有1%的起拱。在模板上画出砖及灰缝位置及宽度，务必使砖的块数为单数。

采用满刀灰法，从两边对称向中间砌，每块砖要对准模板上画线，正中一块应挤紧。竖向灰缝是上宽下窄成楔形，在拱底灰缝宽度应不小于5mm；在拱顶灰缝宽度应不大于15mm。

② 砖弧拱砌筑时，模板应按设计要求做成圆弧形。砌筑时应从两边对称向中间砌。灰缝成放射状，上宽下窄，拱底灰缝宽度不宜小于5mm，拱顶灰缝宽度不宜大于25mm。也可用加工好的楔形砖来砌，此时灰缝宽度应上下一样，控制在8～10mm。

③ 钢筋砖过梁砌筑时，先在洞口顶支设模板，模板中部应有1%的起拱。在模板上铺设1：3水泥砂浆层，厚30mm。将钢筋逐根埋入砂浆层中，钢筋弯钩要向上，两头伸入墙内长度应一致，然后与墙体一起平砌砖层。钢筋上的第一皮砖应丁砌。钢筋弯钩应置于竖缝内。

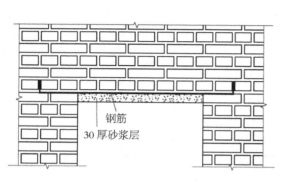

钢筋

30厚砂浆层

图6-13　钢筋砖过梁砌筑

钢筋砖过梁砌筑形式与墙体一样，宜用一顺一丁或梅花丁。钢筋配置按设计而定，埋钢筋的砂浆层厚度不宜小于30mm，钢筋两端弯成直角钩，伸入墙内长度不小于240mm，如图6-13所示。

④ 砖挑檐可用普通砖、灰砂砖、粉煤灰砖及免烧砖等砌筑，多孔砖及空心砖不得砌挑檐。砖的规格宜采用240mm×115mm×53mm。

砖挑檐砌筑时，应选用边角整齐、规格一致的整砖。先砌挑檐两头，然后在挑檐外侧每一层底角处拉准线，依线逐层砌中间部分。每皮砖要先砌里侧后砌外侧，上皮砖要压住下皮挑出砖，才能砌上皮挑出砖。水平灰缝宜使挑檐外侧稍厚，里侧稍薄。灰缝宽度控制在8～10mm范围内。竖向灰缝砂浆应饱满，灰缝宽度控制在10mm左右。

无论哪种形式，挑层的下面一皮砖应为丁砌，挑出宽度每次应不大于60mm，总的挑出宽度应小于墙厚。

第三节　砖墙砌筑施工

一、砌筑流程

砌筑砖墙主要施工流程如下。

砌筑砖墙主要施工流程 → 放线、立皮数杆 → 基层表面清理、湿润 → 排砖与摆底 → 盘角、挂线 → 砌筑

砌筑砖墙施工步骤的具体内容见表6-2。

表6-2　砌筑砖墙步骤及内容

步骤	内　容
立皮数杆	在垫层转角处、交接处及高低处立好基础皮数杆。皮数杆要进行抄平，使杆上所示标高与设计标高一致

步骤	内　　容
基层表面清理、湿润	砖基础砌筑前，提前1～2d浇水湿润，不得随浇随砌。对烧结普通砖、多孔砖含水率宜为10%～15%；对灰砂砖、粉煤灰砖含水率宜为8%～12%。现场检验砖含水率的简易方法采用断砖法，当砖截面四周融水深度为15～20mm时，视为符合要求的适宜含水率
排砖与撂底	一般外墙第一层砖撂底时，两山墙排丁砖，前后檐纵墙排条砖。根据弹好的门窗洞口位置线，认真核对窗间墙、垛尺寸及位置是否符合排砖模数，如不符合模数时，可在征得设计同意的条件下将门窗的位置左右移动，使之符合排砖的要求。若有破活，七分头或丁砖应排在窗口中间、附墙垛或其他不明显的部位。移动门窗口位置时，应注意暖卫立管安装及门窗开启时不受影响。另外，排砖还要考虑在门窗口上边的砖墙合拢时也不串线破活
盘角、挂线	（1）盘角。砌砖前应先盘角，每次盘角不要超过五层。新盘的大角要及时进行吊、靠。如有偏差要及时修整。盘角时要仔细对照皮数杆的砖层和标高，控制好灰缝大小，使水平灰缝均匀一致。大角盘好后再复查一次，平整度和垂直度完全符合要求后，再挂线砌墙 （2）挂线。砌筑一砖半墙必须双面挂线，如果长墙几个人均使用一根通线，中间应设几个小支点，小线要拉紧，每层砖都要穿线看平，使水平缝均匀一致，平直通顺；砌一砖厚混水墙时宜采用外手挂线
砌筑	（1）砖墙的转角处，每皮砖的外角应加砌七分头砖。当采用一顺一丁砌筑形式时，七分头砖的顺面方向依次砌顺砖，丁面方向依次砌丁砖，如图6-14所示 （2）砖墙的丁字交接处，横墙的端头皮加砌七分头砖，纵横隔皮砌通。当采用一顺一丁砌筑形式时，七分头砖丁面方向依次砌丁砖，如图6-15所示 （3）砖墙的十字交接处，应隔皮纵横墙砌通，交接处内角的竖缝应上下相互错开1/4砖长，如图6-16所示 （4）宽度小于1m的窗间墙，应选用整砖砌筑，半砖和破损的砖应分散使用在受力较小的砖墙，小于1/4砖块体积的碎砖不能使用 （5）当采用铺浆法砌筑时，铺浆长度不得超过750mm；施工期间气温超过30℃时，铺浆长度不得超过500mm

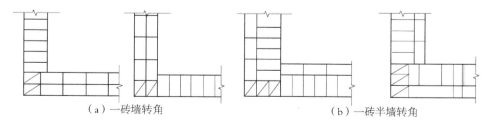

（a）一砖墙转角　　　　　　　　　　（b）一砖半墙转角

图6-14　一顺一丁转角砌法

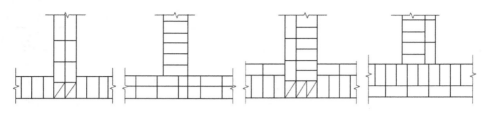

图6-15　一顺一丁的丁字交接处砌法

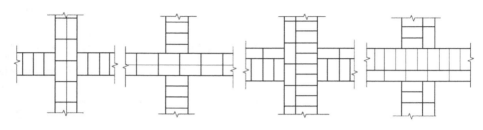

图6-16　一顺一丁的十字交接处砌法

二、砖柱和砖垛施工

砖柱（图6-17）和砖垛（图6-18）在农村的房屋建筑中广泛应用。如果砖柱承受的荷载较大时，可在水平灰缝中配置钢筋网片，或采用配筋结合柱体，在柱顶端做混凝土垫块，使集中荷载均匀地传递到砖柱断面上。

① 砌筑前应在柱的位置近旁立皮数杆。成排同断面的砖柱，可仅在两端的砖柱近旁立皮数杆。

② 砖柱的各皮高低按皮数杆上皮数线砌筑。成排砖柱可先砌两端的砖柱，然后逐皮拉通线，依通线砌筑中间部分的砖柱。

③ 柱面上下皮竖缝应相互错开1/4砖长以上，柱心无通缝。严禁采用包心砌法，即

图6-17　砖柱

图6-18　组合砖垛

先砌四周后填心的砌法，如图6-19所示。

④ 砖垛砌筑时，墙与垛应同时砌筑，不能先砌墙后砌垛或先砌垛后砌墙，其他砌筑要点与砖墙、砖柱相同。图6-20所示为一砖墙附有不同尺寸砖垛的分皮砌法。

⑤ 砖垛应隔皮与砖墙搭砌，搭砌长度应不小于1/4砖长，砖垛外表上下皮垂直灰缝应相互错开1/2砖长。

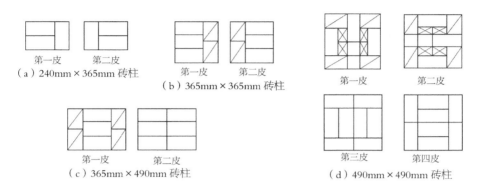

第一皮　　第二皮
（a）240mm×365mm 砖柱

第一皮　　第二皮
（b）365mm×365mm 砖柱

第一皮　　第二皮

第一皮　　第二皮
（c）365mm×490mm 砖柱

第三皮　　第四皮
（d）490mm×490mm 砖柱

图6-19　矩形砖柱砌法

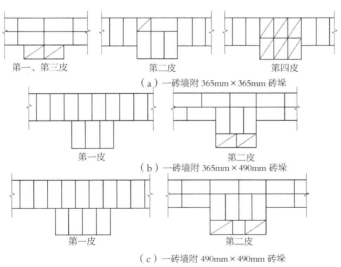

第一、第三皮　　第二皮　　第四皮
（a）一砖墙附 365mm×365mm 砖垛

第一皮　　第二皮
（b）一砖墙附 365mm×490mm 砖垛

第一皮　　第二皮
（c）一砖墙附 490mm×490mm 砖垛

图6-20　一砖墙附砖垛分皮砌法

三、墙砖留槎

在自建小别墅墙体的施工中，在很多情况下，房屋中的所有墙体不可能同时同步砌筑。这样，就会产生如何接着施工的问题，即留槎的问题。常用的留槎方式如下。

根据技术规定和防震要求，留槎必须符合下述要求。

① 砖墙的交接处不能同时砌筑时，应砌成斜槎，俗称"踏步槎"，斜槎的长度不应小于高度的2/3，如图6-21所示。

② 必须留置的临时间断处不能留斜槎时，除转角处外，可留直槎，但直槎必须做成凸槎，并应加设拉结钢筋。拉结钢筋的数量为每120mm墙厚放置1根直径为6mm的钢筋，间距沿墙高不得超过500mm。钢筋埋入的长度从墙的留槎处算起，每边均不应小于1000mm，末端应有90°弯钩，如图6-22所示。

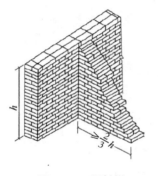

图6-21 留斜槎

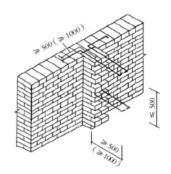

图6-22 留直槎

当隔墙与墙或柱之间不能同时砌筑而又不留成斜槎时，可于墙或柱中引出凸槎，或从墙或柱中伸出预埋的拉结钢筋。

砌体接槎时，接槎处的表面必须清理干净，浇水湿润，并应填实砂浆，保持灰缝平直。对于设有钢筋混凝土构造柱的砖混结构，应先绑扎构造柱钢筋，然后砌砖墙，最后浇筑混凝土。墙与高度方向每隔500mm设置一道2根直径为6mm的拉结筋，每边伸入墙内的长度不小于1000mm。构造柱应与圈梁、地梁连接。与柱连接处的砖墙应砌成马牙

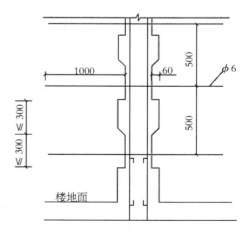

图6-23 马牙槎留置示意图

槎。每个马牙槎沿高度方向的尺寸不应超过300mm，并且马牙槎上口的砖应砍成斜面。马牙槎从每层柱脚开始应先进后退，进退相差1/4砖，如图6-23所示。

第四节　构造柱与圈梁施工

一、构造柱施工

构造柱主要施工步骤如下所示。

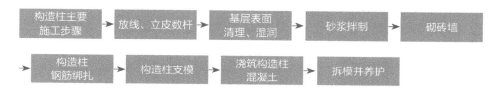

在构造柱的施工中，有关前期放线，立皮数杆，基层表面清理、湿润，砂浆拌制等环节，与其他砌筑工程大同小异。这里主要叙述一下与其他砌筑施工相比，需要注意的地方。

① 竖向钢筋绑扎前必须做除锈、调直处理。钢筋末端应做弯钩。底层构造柱的竖向受力钢筋与基础圈梁（或混凝土底脚）的锚固长度不应小于35倍竖向钢筋直径，并保证钢筋位置正确。

② 构造柱的竖向受力钢筋需接长时，可采用绑扎接头，其搭接长度一般为35倍钢筋直径，在绑扎接头区段内的箍筋间距不应大于200mm。

③ 构造柱应沿整个建筑物高度对正贯通，严禁层与层之间构造柱相互错位。

④ 砖墙与构造柱的连接处应砌成马牙槎。

⑤ 在每层砖墙及其马牙槎砌好后，应立即支设模板。在安装模板之前，必须根据构造柱轴线校正竖向钢筋位置和垂直度。构造柱钢筋的混凝土保护层厚度一般为20mm，并不得小于15mm。

支模时还应注意在构造柱的底部（圈梁面上）应留出两皮砖高的孔洞，以便清理模板内的杂物，清除后封闭。

⑥ 在构造柱浇筑混凝土前，必须将马牙槎部位和模板浇水湿润（钢模板面不浇水，刷隔离剂），并将模板内的砂浆残块、砖渣等杂物清理干净，并在接合面处注入适量与构造柱混凝土相同的去石水泥砂浆。浇筑构造柱的混凝土应随拌随用，拌和好的混凝土应在1.5h内浇灌完。

⑦ 构造柱的混凝土浇筑可以分段进行，每段高度不宜大于2m。

⑧ 新老混凝土接槎处，须先用水冲洗、湿润，铺10～20mm厚的水泥砂浆（用原混凝土配合比去掉石子），方可继续浇筑混凝土。

⑨ 在砌完一层墙后和浇筑该层构造柱混凝土前，应及时对已砌好的独立墙体加稳定支撑，必须在该层构造柱混凝土浇捣完毕后，才能进行上一层的施工。

二、圈梁施工

圈梁是砖混结构中的一种钢筋混凝土结构，有的地方称墙体腰箍，可提高房屋的空间刚度和整体性，增加墙体的稳定性，避免和减少由于地基的不均匀沉降而引起的墙体开裂。

在自建小别墅的施工中，其主要有钢筋混凝土圈梁和钢筋砖圈梁两种。钢筋砖圈梁是在砖圈梁的水平灰缝中配置通长的钢筋，并采用与砖强度相同的水泥砂浆砌筑，最低的砂浆强度等级为M15。圈梁的高度为5皮砖左右，纵向钢筋分两层设置，每层不应少于3根直径为6mm的钢筋，水平间距不应大于120mm。如果是钢筋混凝土圈梁时，受力主筋为4根10～12mm的螺纹钢筋，箍筋直径一般为6mm的钢筋，箍筋间距100～120mm，圈梁的配筋可以参考图6-24。

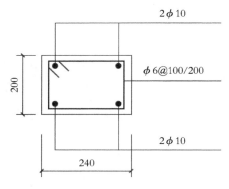

图6-24　圈梁配筋示意

一般应在安装楼板的下边沿承重外墙的周围、内纵墙和内横墙上，设置水平闭合的层间圈梁和屋盖圈梁。如果圈梁设在门窗洞口的上部、兼作门窗过梁时，则应按图6-25所示进行施工。

如果圈梁被门窗或其他洞口切断不能封闭时，则应在洞口上部设置附加圈梁。附加圈梁与墙的搭接长度应大于圈梁之间的2倍垂直间距，并不得少于1m，如图6-26所示。

圈梁设在±0.00以下的-60mm处的称为地圈梁，凡是承重墙的下边均应设置地圈梁，如图6-27所示。

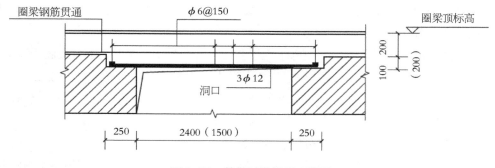

图6-25　兼做过梁设置示意图

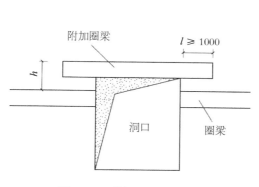

图 6-26　附加圈梁示意图　　　　图 6-27　地圈梁设置示意图

圈梁安装和施工的质量控制应按下列要求进行。

① 圈梁施工前，必须对所砌墙体的标高进行复测，当有误差时，应用细石混凝土进行找平。

② 圈梁钢筋一般在模板安装完毕后进行安装。圈梁一般在墙体上进行绑扎，也有的为了加快施工进度，常在场外预先进行绑扎。有构造柱时，则应在构造柱处进行绑扎。

③ 当在模内绑扎圈梁骨架时，应按箍筋间距的要求在模板侧画上间距线，然后将主筋穿入箍筋内。箍筋开口处应沿上面主筋的受力方向左右错开，不得将箍筋的开口放在同一侧。

④ 圈梁钢筋应交叉绑扎，形成封闭状，在内墙交接处，大角转角处的锚固长度应符合图纸或图集要求。

⑤ 圈梁与构造柱的交接处。圈梁的主筋应放在构造柱的内侧，锚入柱内的长度应符合图纸或图集的要求。

⑥ 圈梁钢筋的搭接长度。HPB300级钢筋的搭接长度不少于30倍直径，HRB335级钢筋不少于35倍直径，搭接位置应相互错开。

⑦ 当墙体中无构造柱、圈梁骨架又为预制时，应在墙体的转角处加设构造附筋，把相互垂直的纵横向骨架连成整体。

⑧ 圈梁下边主筋的弯钩应朝上，上边的主筋弯钩应朝下。

⑨ 圈梁骨架安装完成后，应在骨架的下边垫放钢筋保护层垫块。

⑩ 圈梁模板一般用300mm宽的钢模板或木模板，其上面应和圈梁的高度持平。这样，浇筑混凝土后就能保证圈梁的高度。

⑪ 在浇筑圈梁混凝土前，均应对模板和墙顶面浇水湿润。

⑫ 用振动棒振捣圈梁混凝土时，振动棒应顺圈梁主筋斜向振捣，不得振动模板。当有漏浆出现时，必须堵漏后方能继续施工。

第七章

地面与屋面工程施工

第一节　常见地面形式比较

常见地面形式比较的主要内容见表7-1。

表7-1　常见地面形式比较

名称	内　容	图片
水泥砂浆面层	水泥砂浆面层通常是用水泥砂浆抹压而成，简称水泥面层。它使用的原料供应充足、方便、坚固耐磨、造价低且耐水，是目前应用最广泛的一种低档面层	
水磨石面层	水磨石面层是将碎石拌入水泥制成混凝土制品后表面磨光的制品得到的面层	
板块面层	板块面层是采用板块状材料进行地面铺设的一种面层。由于板块状材料的表面积较小，所以容易产生空鼓，板块与板块之间会产生高低不平的现象，并且，当屋内保温不良时，所粘贴的板块面层还会产生大面积鼓起或脱落等质量问题	

第二节 地面工程施工与质量监控

一、水泥砂浆面层施工与质量监控

1. 施工步骤

水泥砂浆面层施工步骤如下。

基层清理 ➡ 弹线、做标筋 ➡ 水泥砂浆面层铺设

2. 施工做法详解

（1）**基层处理** 水泥砂浆面层多是铺抹在楼面、地面的混凝土、水泥炉渣、碎砖三合土等垫层上，垫层处理是防止水泥砂浆面层空鼓、裂纹、起砂等质量通病的关键工序。因此，要求垫层应具有粗糙、洁净和潮湿的表面。水泥砂浆面层基层处理的内容如下。

① 垫层上的一切浮灰、油渍、杂质，必须仔细清除，否则形成一层隔离层，会使面层结合不牢。

② 表面较滑的基层，应进行凿毛，并用清水冲洗干净，冲洗后的基层，最好不要上人。

③ 在现浇混凝土或水泥砂浆垫层、找平层上做水泥砂浆地面面层时，其抗压强度达1.2MPa后，才能铺设面层，这样做不致破坏其内部结构。

④ 铺设地面前，还要再一次将门框校核找正，方法是先将门框锯口线抄平找正，并注意当地面面层铺设后，门扇与地面的间隙（风路）应符合规定要求，然后将门框固定，防止松动、位移。

（2）弹线、做标筋

① 地面抹灰前，应先在四周墙上弹出一道水平基准线（图7-1），作为确定水泥砂浆面层标高的依据。

经验小指导：水平基准线是以地面±0.000及楼层砌墙前的抄平点为依据，一般可根据情况弹在标高50cm的墙上。

图7-1 弹水平基准线

② 根据水平基准线，再把地面面层上皮的水平辅助基准线弹出。面积不大的房间，可根据水平基准线直接用长木杠抹标筋，施工中进行几次复尺即可。面积较大的房间，应根据水平基准线在四周墙角处每隔1.5～2.0m用1：2水泥砂浆抹标志块，标志块大小一般是8～10cm见方。待标志块结硬后，再以标志块的高度做出纵横方向通长的标筋以控制面层的厚度。

③ 对于厨房、浴室、卫生间等房间的地面，需将流水坡度（图7-2）找好。

经验小指导：有地漏的房间，要在地漏四周找出不小于5%的泛水。抄平时要注意各室内地面与走廊高度的关系。

图7-2　卫生间流水找坡

（3）水泥砂浆面层铺设施工

① 水泥砂浆（图7-3）应采用机械搅拌，拌和要均匀，颜色保持一致，搅拌时间不得少于2min。水泥砂浆的稠度（以标准圆锥体沉入度计）：当在炉渣垫层上铺设时，宜为25～35mm；当在水泥混凝土垫层上铺设时，应采用干硬性水泥砂浆，以手捏成团稍出浆为准。

图7-3　水泥砂浆面层施工

② 施工时，先刷水灰比为0.4～0.5的水泥浆，随刷随铺拍实，并应在水泥初凝前用木抹子搓平压实。

③ 面层压光宜用钢皮抹子分三边完成，并逐遍加大用力压光。当采用地面抹光机压光时，在压第二、三遍中，水泥砂浆的干硬度应比手工压光时稍干一些。压光工作应在水泥终凝前完成。

④ 当水泥砂浆面层干湿度不适宜时，可采取淋水或撒布干拌的1：1水泥和砂（体积比，砂需过3mm筛）进行抹平压光工作。

⑤ 当面层需分格时，应在水泥初凝后进行弹线分格。先用木抹子搓一条约一抹子宽的面层，用钢皮抹子压光，并用分割器压缝。分格应平直，深浅要一致。

⑥ 当水泥砂浆面层内埋设管线等出现局部厚度减薄处，并在10mm及10mm以下时，应按设计要求做防止面层开裂处理后方可施工。

⑦ 水泥砂浆面层铺好经1d后，用锯屑、砂或草袋覆盖洒水养护，每天两次，不少于7d。

3. 水泥砂浆面层施工质量监控

（1）了解常见施工问题及解决方法

水泥砂浆面层施工过程中常常出现起砂（图7-4）、空鼓（图7-5）的现象。

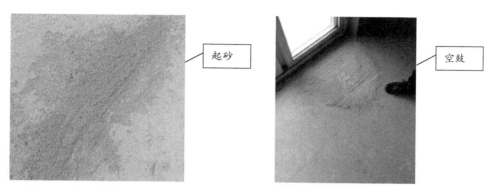

图7-4　水泥砂浆面层起砂　　　　图7-5　水泥砂浆面层空鼓

解决方法如下。

① 水泥砂浆面层起砂的处理方法：局部起砂时，将面层清理干净，完全干燥后，使用机器将起砂部分磨洗；面层起砂严重时，将原面层清洗凿毛，涂刷界面剂，增加新旧层的黏结力，铺设1∶2水泥砂浆面层，水泥初凝时再压实收光，最后进行养护。

② 水泥砂浆面层起鼓的处理方法：对于房间四周角边出现的空鼓，面积很小的、在0.2m²以下表面没有裂缝的可以不进行修补；如面积较大，必须修理，可先用切割机顺着空鼓地面的边界切出比实际空鼓范围稍大的房间，切割后錾子在空鼓范围凿除面层，然后将基层处理干净，用水湿润，再用1∶2.5水泥砂浆铺底，1∶3水泥砂浆面分两次进行修补、压光，严格掌握压光时间，避免结合处出现裂缝，最后进行养护。

（2）掌握施工质量监控要点

① 水泥采用硅酸盐水泥、普通硅酸盐水泥，其强度等级不应低于32.5级，不同品种、不同强度等级的水泥严禁混用。

② 砂应为中粗砂，当采用石屑时，其粒径应为1～5mm，且含泥量不应大于3%。

③ 面层与下一层应结合牢固，无空鼓、裂纹。如果空鼓面积不大于400cm²，且每自然间（标准间）不多于2处可不计。

④ 面层表面的坡度应符合设计要求，不得有倒泛水和积水现象。

⑤ 踢脚线与墙面应紧密结合，高度一致，出墙厚度均匀。

⑥ 楼梯踏步的宽度、高度应符合设计要求。楼层梯段相邻踏步高度差不应大于10mm，每踏步两端宽度差不应大于10mm；旋转楼梯梯段的每踏步两端宽度的允许偏差为5mm。楼梯踏步的齿角应整齐，防滑条应顺直。

二、水磨石面层施工与质量监控

1. 施工步骤

清理、湿润基层→弹控制线、做饼→抹找平层→镶嵌分格条→铺抹石粒浆→滚压密实→铁抹子压平、养护→试磨→粗磨→刮浆→中磨→刮浆→细磨→草酸清洗→打蜡抛光。

2. 施工做法详解

水磨石地面的具体施工过程以及注意事项如下所述。

（1）面层厚度　水磨石面层的厚度除有特殊要求外，一般为12～18mm。

（2）基层处理　基层处理的施工操作要点可参考水泥砂浆基层处理要求进行。

（3）找平层施工　抹水泥砂浆找平层。基层处理后，以统一标高线为准，确定面层标高。施工时提前24h将基层面洒水润湿后，满刷一遍水泥浆黏结层，其水泥浆稠度应根据基层湿润程度而定，水灰比一般以0.4～0.5为宜，涂刷厚度控制在1mm以内，应做到边刷水泥浆边铺设水泥砂浆找平层。找平层应采用体积比为1∶3水泥砂浆或1∶3.5干硬性水泥砂浆。水泥砂浆找平层的施工要点可按水泥砂浆面层中的施工要求进行。但最后一道工序为木抹子搓毛面，铺好后养护24h。水磨石面层应在找平层的抗压强度达到1.2N/mm²后方可进行。

（4）镶嵌分格条

① 按设计分格和图案要求，用色线包在基层上弹出清晰的线条。弹线时，先根据墙面位置及镶边尺寸弹出镶边线，然后复核内部分格与设计是否相符，如有余量或不足，则按实际进行调整。分格间距以1m为宜，面层分格的一部分分格位置必须与基层（包括垫层和结合层）的缩缝对齐，以使上下各层能同步收缩。

② 按线用稠水泥浆把嵌条黏结固定，嵌分格条方法见图7-6。嵌条应先粘一侧，再粘另一侧，嵌条为铜、铝料时，应用长60mm的22号钢丝从嵌条孔中穿过，并埋固在水泥浆中。水泥浆粘贴高度应比嵌条顶面低4～6mm，并做成45°。镶条时，应先把需镶条部位基层湿润，刷结合层，然后再镶条。待素水泥浆初凝后，用毛刷沾水将其表面刷毛，并将分隔条交叉接头部位的素灰浆掏空。

③ 分格条应粘贴牢固、平直，接头严密，应用靠尺板比齐，使上平一致，作为铺设面层的标志，并应拉5m通线检查直度，其偏差不得超过1mm。

④ 镶条后12h开始洒水养护，不少于2d。

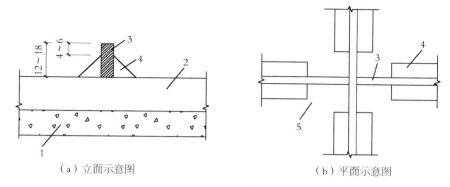

（a）立面示意图　　　　　　　　（b）平面示意图

图7-6　分隔条嵌法

1—混凝土垫层；2—水泥砂浆底灰；3—分格条；4—素水泥浆；5—40～50mm 内不抹水泥浆区

（5）铺石粒浆

① 水磨石面层应采用水泥与石粒的拌合料铺设。如几种颜色的石粒浆应注意不可同时铺抹，要先抹深色的，后抹浅色的；先做大面，后做镶边；待前一种凝固后，再铺后一种，以免串色，造成界限不清，影响质量。

② 地面石粒浆配合比为（1：1.5）～（1：2.5）（水泥：石粒，体积比）；要求计量准确，拌和均匀，宜采用机械搅拌，稠度不得大于60mm。彩色水磨石应加色料，颜料均以水泥重量的百分比计，应事先调配好，过筛装袋备用。

③ 地面铺浆前应先将积水扫净，然后刷水灰比为0.4～0.5的水泥浆黏结层，并随刷随铺石子浆。铺浆时，用铁抹子把石粒由中间向四面摊铺，用刮尺刮平，虚铺厚度比分格条顶面高5mm，再在其上面均匀撒一层石粒，拍平压实、提浆（分格条两边及交角处要特别注意拍平压实）。石粒浆铺抹后高出分格条的高度一致，厚度以拍实压平后高出分格条1～2mm为宜。整平后如发现石粒过稀处，可在表面再适当撒一层石粒，过密处可适当剔除一些石粒，使表面石子显露均匀，无缺石子现象，接着用磙子进行滚压。

（6）滚压密实

① 面层滚压应从横竖两个方向轮换进行。磙子两边应大于分格至少100mm，滚压前应将嵌条顶面的石粒清掉。

② 滚压时用力应均匀，防止压倒或压坏分格条，注意嵌条附近浆多石粒少时，要随手补上。滚压到表面平整、泛浆且石粒均匀排列、磙子表面不沾浆为止。

（7）抹平

① 待石粒浆收水（约2h）后，用铁抹子将滚压波纹抹平压实。如发现石粒过稀处，仍要补撒石子抹平。

② 石粒面层完成后，于次日进行浇水养护，常温养护时间为5～7d。

（8）试磨

① 水磨石面层开磨前应进行试磨，以石粒不松动、不掉粒为准，经检查确认可磨后，方可正式开磨。一般开磨时间可参考表7-2。

表7-2　开磨时间参考

平均气温/℃	开磨时间/d	
	机磨	人工磨
20~30	2~3	1~2
10~20	3~4	1.5~2.5
5~10	5~6	2~3

② 一般普通水磨石面层磨光遍数不应少于3遍。

（9）粗磨

① 粗磨用60～90号金刚石，磨石机在地面上呈横"8"字形移动，边磨边加水，随时清扫磨出的水泥浆，并用靠尺不断检查磨石表面的平整度至表面磨平，待全部显露出嵌条与石粒后再清理干净。

② 待稍干再满涂同色水泥浆一道，以填补砂眼和细小的凹痕，脱落石粒应补齐。

（10）中磨

① 中磨应在粗磨结束并待第一遍水泥浆养护2～3d后进行。

② 使用90～120号金刚石，机磨方法同头遍，磨至表面光滑后，同样清洗干净，再满涂第二遍同色水泥浆一遍，然后养护2～3d。

（11）细磨（磨第三遍）

① 第三遍磨光应在中磨结束养护后进行。

② 使用180～240号金刚石，机磨方法同头遍，磨至表面平整光滑，石子显露均匀，无细孔磨痕为止。

③ 边角等磨石机磨不到之处，用人工手磨。

④ 当为高级水磨石时，在第三遍磨光后，经满浆、养护后，用240～300号油石继续进行第四、第五遍磨光。

（12）草酸清洗

① 在水磨石面层磨光后，涂草酸和上蜡前，其表面不得污染。

② 用热水溶化草酸（1：0.35，质量比），冷却后在擦净的面层上用布均匀涂抹。每涂一段用240～300号油石磨出水泥及石粒本色，再冲洗干净，用棉纱或软布擦干。

③ 也可采取磨光后，在表面撒草酸粉洒水进行擦洗，露出面层本色，再用清水洗净，用拖布拖干。

（13）打蜡抛光

① 酸洗后的水磨石面，应经擦净晾干。打蜡工作应在不影响水磨石面层质量的其他工序全部完成后进行。

② 地板蜡有成品供应，当采用自制时其方法是将蜡、煤油按1∶4的质量比放入桶内加热、熔化（约120～130℃），再掺入适量松香水后调成稀糊状，凉后即可使用。

③ 用布或干净麻丝沾蜡薄薄均匀地涂在水磨石面上，待蜡干后，用包有麻布或细帆布的木块代替油石，装在磨石机的磨盘上进行磨光，或用打蜡机打磨，直到水磨石表面光滑洁亮为止。高级水磨石应打两遍蜡，抛光两遍。打蜡后铺锯末进行养护。

3. 水磨石面层施工质量监控

水磨石面层施工应掌握以下质量控制要点。

① 面层与下一层结合应牢固，无空鼓、裂纹。

② 面层表面应光滑；无明显裂纹、砂眼和磨纹；石粒密实，显露均匀；颜色图案一致，不混色；分格条牢固、顺直和清晰。

③ 踢脚线与墙面应紧密结合，高度一致，出墙厚度均匀。

④ 楼梯踏步的宽度、高度应符合设计要求。楼层梯段相邻踏步高度差不应大于10mm，每踏步两端宽度差不应大于10mm，旋转楼梯梯段的每踏步两端宽度的允许偏差为5mm。楼梯踏步的齿角应整齐，防滑条应顺直。

三、板块面层施工与质量监控

1. 砖面层施工

（1）施工步骤

清理基层→弹控制线→贴灰饼→做结合层→找规矩、排砖、弹线→铺砖→拨缝调整→勾缝、擦缝→养护。

（2）施工做法详解

① 铺贴前准备工作。应对砖的规格尺寸、外观质量、色泽等进行预选，浸水湿润晾干待用。

② 基层清理施工。参见砂浆水泥面层施工要求。

③ 弹控制线。根据房间中心线（十字线）并按照排砖方案图弹出排砖控制线。

④ 陶瓷地砖铺贴。

a. 根据排砖控制线先铺贴好左右靠边基准行（封路）的块料，以后根据基准行由内向外挂线逐行铺贴。

b. 铺贴时宜采用干硬性水泥砂浆，厚度为10～15mm，然后用水泥膏（2～3mm厚）满涂块料背面，对准挂线及缝子，将块料铺贴上，用小木锤着力敲击至平正。挤出的水泥膏要及时清理干净，随铺砂浆随铺贴。

c. 面砖的缝隙宽度。当紧密铺贴时不宜大于1mm；当虚缝铺贴时宜为5～10mm。

d. 面层铺贴24h内，分别进行擦缝、勾缝或压缝工作。勾缝深度比砖面凹进2～3mm为宜，擦缝和勾缝应采用同品种、同标号、同颜色的水泥。

⑤ 陶瓷锦砖（马赛克）的铺贴。

a. 在水泥砂浆结合层上铺贴陶瓷锦砖面层时，砖底面应洁净，每联陶瓷锦砖之间、陶瓷锦砖与结合层之间以及在墙边、镶边和靠墙处，均应紧密贴合，并不得有空隙。在靠墙处不得采用砂浆填补。

b. 根据水平控制线及中心线（十字线）铺贴各开间左右两侧标准行，以后根据标准行结合分格缝控制线，由里向外逐行挂线铺贴。

c. 用软毛刷将块料表面（沿未贴纸的一面）灰尘扫净并润湿，在块材上均匀抹一层水泥膏，2～2.5mm厚，按线铺贴，并用平整木板压在块料上用木锤着力敲击校平正。

d. 将挤出的水泥膏及时清干净。

e. 块料铺贴后待15～30min，在纸面刷水湿润，将纸揭去，并及时将纸屑清理干净；拨正歪斜缝子，铺上平正木板，用木锤拍平拍实。

⑥ 卫生间等有防水要求的房间面层施工。

a. 根据标高控制线，从房间四角向地漏处按设计要求的坡度进行找坡，并确定四角及地漏顶部标高，用1∶3水泥砂浆找平，找平打底灰厚度一般为10～15mm，铺抹时用铁抹子将灰浆摊平拍实，用刮杠刮平，木抹子搓平，做成毛面，再用2m靠尺检查找平层表面平整度和地漏坡度。找平打底灰抹完后，于次日浇水养护2d。

b. 对铺贴的房间检查净空尺寸，找好方正，定出四角及地漏处标高，根据控制线先铺贴好靠边基准行的块料，由内向外挂线逐行铺贴，并注意房间四边第一行板块铺贴必须平整，找坡应从第二行块料开始依次向地漏处找坡。

c. 根据地面板块的规格，排好模数，非整砖块料对称铺贴于靠墙边，且不小于1/4整砖，与墙边距离应保持一致，严禁出现"大小头"现象，保证铺贴好的块料地面标高低于走廊和其他房间不少于20mm，地面坡度符合设计要求，无倒泛水和积水现象。

d. 地漏（清扫口）位置在符合设计要求的前提下，宜结合地面面层排板设计进行适当调整，并用整块（块材规格较小时用四块）块材进行套割，地漏（清扫口）双向中心线应与整块块材的双向中心线重合；用四块块材套割时，地漏（清扫口）中心应与四块块材的交点重合。套割尺寸宜比地漏面板外围每侧大2～3mm，周边均匀一致。镶贴时，套割的块材内侧与地漏面板平，且比外侧低（找坡）5mm（清扫口不找坡）。待镶贴凝固后，清理地漏（清扫口）周围缝隙，用密封胶封闭，防止地漏（清扫口）周围渗漏。

e. 铺贴前，在找平层上刷素水泥浆一遍，随刷浆随抹黏结层水泥砂浆，配合比为（1∶2）～（1∶2.5），厚度为10～15mm。铺贴时，对准控制线及缝子，将块料铺贴好，用小木锤或橡皮锤敲击至表面平整，缝隙均匀一致，将挤出的水泥浆擦干净。

f. 擦缝、勾缝应在24h内进行，用1∶1水泥砂浆（细砂），要求缝隙密实平整光洁。勾缝的深度宜为2～3mm。擦缝、勾缝应采用同品种、同一强度等级、同一颜色的水泥。

g. 面层铺贴完毕24h后，洒水养护2d，用防水材料临时封闭地漏，放水深20～30mm进行24h蓄水试验，经检查确认无渗漏后，地面铺贴工作方可完工。

（3）砖面层施工质量控制

① 面层与下一层的结合（黏结）应牢固，无空鼓。

② 砖面层的表面质量应洁净、图案清晰、色泽一致、接缝平整、深浅一致、周边顺直。板块无裂纹、掉角和缺楞等缺陷。

③ 面层邻接处的镶边用料及尺寸应符合设计要求，边角应整齐、光滑。

④ 楼梯踏步和台阶板块的缝隙宽度应一致、齿角整齐；楼层梯段相邻踏步高度差不应大于10mm；防滑条顺直。

⑤ 面层表面的坡度应符合设计要求，不倒泛水、无积水；与地漏、管道结合处应严密牢固、无渗漏。

2. 石材面层施工

（1）施工步骤

基层处理→找标高、弹线→试拼、试排→贴饼、铺设找平层→铺贴→灌缝、擦缝→养护→打蜡。

（2）施工做法详解

① 大理石板材不得用于室外地面面层。

② 根据水平控制线，用干硬性砂浆贴灰饼，灰饼的标高应按地面标高减板厚再减2mm，并在铺贴前弹出排板控制线。

③ 先将板材背面刷干净，铺贴时保持湿润，阴干或擦干后备用。

④ 根据控制线，按预排编号铺好每一开间及走廊左右两侧标准行后，再进行拉线铺贴，并由里向外铺贴。

⑤ 石材面层铺贴。

a. 铺设大理石、花岗石面层前，板材应浸湿、晾干；结合层与板材应分段同时铺设。

b. 铺贴前，先将基层浇水湿润，然后刷素水泥浆一遍，水灰比为0.5左右，并随刷随铺底灰，底灰采用干硬性水泥砂浆，配比为1∶2，以手握成团不出浆为准，铺灰厚度以拍实抹平与灰饼同高为准，用铁抹子拍实抹平。然后进行试铺，检查结合层砂浆的饱满度（如不饱满，应用砂浆填补），随即将大理石背面均匀地刮上2mm厚的素灰膏，然后用毛刷沾水湿润砂浆表面，再将石板对准铺贴位置，使板块四周同时落下，用小木锤或橡皮锤敲击平实，随即清理板缝内的水泥浆。

c. 同一区间、房间应按配花、品种挑选尺寸基本一致、色泽均匀、纹理通顺（指大理石和花岗石）进行预排编号，分类存放，待铺贴时按号取用。必要时可绘制铺贴大样图，再按图铺贴。分块排列布置要求对称，厅、房与走道连通处，缝子应贯通；走道、厅房如用不同颜色、花样时，分色线应设在门框裁口线内侧；靠墙柱一侧的板块，离开墙柱的宽度应一致。

⑥ 板材间的缝隙宽度如无规定时，对于花岗石、大理石不应大于1mm。

⑦ 铺贴完成24h后，开始洒水养护。3d后，用水泥浆（颜色与石板块调和）擦缝，擦缝应饱满，并随即用干布擦净至无残灰、污迹为止。铺好的板块禁止行人和堆放物品。

（3）石材面层施工质量控制

① 面层与下一层应结合牢固，无空鼓。

② 大理石、花岗石面层的表面应洁净、平整、无磨痕，且应图案清晰，色泽一致，接缝均匀，周边顺直，嵌缝正确，板块无裂纹、掉角、缺棱等缺陷。

③ 楼梯踏步和台阶板块的缝隙宽度应一致、齿角整齐，楼层梯段相邻踏步高度差不应大于10mm，防滑条应顺直、牢固。

④ 面层表面的坡度应符合设计要求，不倒泛水、无积水；与地漏、管道结合处应严密牢固，无渗漏。

第三节　常见屋面形式的比较

在自建小别墅建筑中，屋面主要分为坡屋顶和平屋顶两大类；按照所用的材料不同，又分为混凝土屋面、瓦屋面、石材屋面以及卷材屋面等。

自建小别墅的屋面形式要根据房屋的使用功能来选择，比如家里有粮食要晒的，最好做混凝土平屋面，可以将屋面作为晒场，但是这样的屋顶一般隔热性较差；如果家里有专门的晒场，则屋面可以做成形式更为丰富的坡屋顶，不仅好看，而且隔热。

坡屋面和平屋面的比较见表7-3。

表7-3　坡屋面和平屋面的比较

屋顶类型	内　　容
坡屋面	坡屋面是我国传统的建筑形式。坡屋面坡度较大，一般大于10%。坡屋面主要有单坡面、双坡面和四坡面等形式，如图7-7所示 　当房屋宽度不大时，或为防风的位置可选用单坡屋面；当房屋宽度较大时，宜采用双坡面和四坡面。双坡屋面有悬山和硬山之分：悬山是屋面的两端悬挑在山墙外面；硬山指房屋两端山墙高于屋面 　坡屋面的结构应满足建筑形式的要求。坡屋面的屋面防水材料多为瓦材，少数地区也采用石材

屋顶类型	内　容
平屋面	平屋面是指屋面坡度小于或等于10%的屋面，常用的坡度为2%～3%。平屋面可以节省材料，扩大建筑空间，并易于协调统一建筑与结构的关系，较为经济合理，并且还可作为夏天乘凉的场所和晒场 由于屋面防水处理要求较高，易发生渗漏，而且隔热性能较差，所以现在平屋面用的越来越少了 平屋面中一般做成挑檐式或女儿墙挑檐式、女儿墙式、坡面式，如图7-8所示

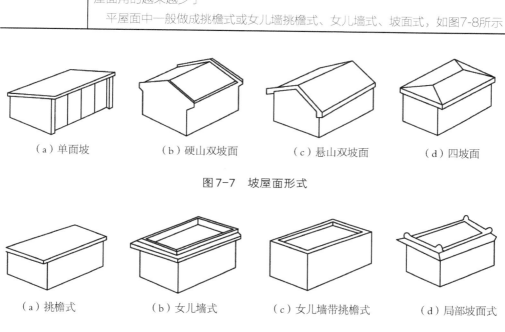

（a）单面坡　　　　（b）硬山双坡面　　　　（c）悬山双坡面　　　　（d）四坡面

图7-7　坡屋面形式

（a）挑檐式　　　　（b）女儿墙式　　　　（c）女儿墙带挑檐式　　　　（d）局部坡面式

图7-8　平屋面形式

第四节　屋面工程施工与质量监控

一、坡屋面施工与质量监控

1. 坡屋顶的组成

坡屋顶主要由承重结构和屋面两部分组成，根据不同的使用要求还可以增加保温层、隔热层、顶棚等，如图7-9所示。

① 承重结构是承受屋面荷载并把它传递到墙或柱上，一般由屋架、檩条、椽子等组成。

② 屋面是屋顶的上覆盖层，直接承受风雨、冰冻、太阳辐射等大自然气候的作用，

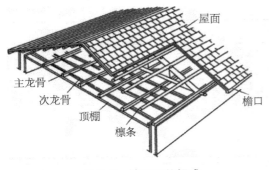

图7-9　坡屋顶的组成

包括屋面盖料和基层，如挂瓦条、屋面板等。

③ 顶棚是屋顶下部的遮盖部分，可使室内顶部平整，反射光线，并起到保温、隔热和装饰作用。

④ 保温或隔热层可设在屋面或顶棚层，根据地区气候及房屋使用需要而定。

2. 坡屋顶的承重结构

坡屋面常用的承重结构主要有横墙承重、屋架承重和梁架承重三种形式，如图7-10所示。

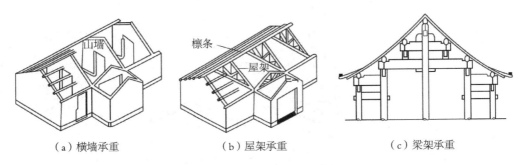

（a）横墙承重　　　　　　（b）屋架承重　　　　　　（c）梁架承重

图7-10　坡屋顶的承重形式

不同承重结构形式的特点见表7-4。

表7-4　不同承重结构形式的特点

承重形式	做法	特点	适用范围
横墙承重（又称山墙承重）	屋顶所要求的坡度，将横墙上部砌成三角形，在墙上直接放置檩条来承受屋面重量	构造简单、施工方便、节约木材，有利于屋顶的防火和隔间	适用于开间为4m以内、进深尺寸较小的房间
屋架承重	由一组杆件在同一平面内互相结合整体屋架，在其上搁置檩条来承受屋面重量	可以形成较大的内部空间	可以形成较大的内部空间
梁架承重	用柱与梁形成的梁架支承檩条，并利用檩条使整个房屋形成一个整体的骨架	墙只起围护分隔作用	适合传统建筑结构

坡屋顶的承重构件主要就是屋架和檩条，其主要内容见表7-5。

表7-5　坡屋顶承重构件

构件名称	内　　容
屋架	现在自建小别墅用得较多的就是三角形屋架，由上弦、下弦及腹杆组成，可用木材、钢材及钢筋混凝土等制作。三角形木屋架一般用于跨度不超过12m的住宅；钢木组合层架一般用于跨度不超过18m的住宅
檩条	在农村房屋建筑中，檩条所用材料可为木材和钢筋混凝土。檩条材料的选用一般与屋架所用材料相同，使二者的耐久性接近。檩条的断面形式有矩形和圆形两种，钢筋混凝土檩条有矩形、L形和T形等。檩条的断面一般为（75～100）mm×（100～180）mm；原木檩条的直径一般为100mm左右。采用木檩条时，长度一般不得超过4m；钢筋混凝土檩条可达6m。檩条的间距根据屋面防水材料及基层构造处理而定，一般在700～1500mm以内。山墙承檩时，应在山墙上预置混凝土垫块。为便于在檩条上固定瓦屋面的木基层，可在钢筋混凝土檩条上预留钢筋以固定木条，用尺寸为40～50mm的矩形木对开为两个梯形或三角形

3. 坡屋顶的屋面构造

坡屋顶的屋面防水材料，主要是各种瓦材和不同材料的板材。平瓦有水泥瓦与黏土瓦两种，尺寸一般为400mm×230mm，铺设搭接后的有效长度应该为330mm×200mm，每平方米约需15块，土垫块平瓦屋顶的坡度通常不宜小于1：2，常用的平瓦屋面构造有冷摊瓦屋面、平瓦屋面以及钢筋混凝土挂瓦板平瓦屋面三种，其主要内容见表7-6。

表7-6　常用平瓦屋面的种类

名　称	内　容	图　例
冷摊瓦屋面	冷摊瓦屋面是在屋架上弦或椽条上直接钉挂瓦条，在挂瓦条上挂瓦，这种做法的缺点是瓦缝容易渗漏，保温效果差	挂瓦条　木椽条
平瓦屋面	平瓦屋面是在檩条或椽条上钉屋面板（即木望板），屋面板上覆盖油毡，再钉顺水条和挂瓦条，最后挂瓦的屋面	顺水条　油毡　挂瓦条　木望板　木檩条

名　　称	内　　容	图　　例
钢筋混凝土挂瓦板平瓦屋面	钢筋混凝土挂瓦板为预应力构件或非预应力构件，板肋根部预留有泄水孔，可以排除从缝渗下的雨水。挂瓦板的断面形式有T形和F形等，瓦是挂在板肋上，板肋中距330mm，板缝用1：3水泥砂浆填塞。挂瓦板兼有檩条、望板、挂瓦条三者的作用，可节省材料	（a）双肋板　（b）T形板　（c）槽形板 泄水孔

4．坡屋面施工质量控制

坡屋面施工中应避免坡面不平、有凹陷和起伏现象的发生。

（1）**现象**　这种现象主要发生在木屋架的房屋上。它的表现形式是整坡表面不顺，某间中部下凹，或者是局部凸凹不平，檐口高低起伏。

（2）**原因**

① 所用的屋架木料为刚伐下的湿木料，直径太小，不符合设计要求，受荷后向下弯曲，形成屋面不顺，部分间下凹。

② 在铺设草泥时未按准线铺，有厚有薄；铺瓦时瓦的规格不统一，有长有短；瓦与瓦搭压尺寸偏差太大，造成局部凸凹不平。

③ 檐口处的连檐板、大连檐材料过湿、木材的刚性大，这样收缩变形较大；椽条直径较细，所用的钢钉为圆钉，钉接不牢，连檐板变形时连同椽条同时变形，使檐口产生高低起伏状。

二、平瓦屋面施工与质量监控

1．施工步骤

屋面基层施工→平瓦铺挂→泛水处理。

2．施工做法详解

（1）**屋面基层施工**

① 屋面檩条、椽条安装的间距、标高、坡度应符合设计要求，檩条应拉通线调直，并镶嵌牢固。

② 挂瓦条的施工要求。

a．挂瓦条的间距要根据平瓦的尺寸和一个坡面的长度经计算后确定。黏土平瓦一般间距为280～330mm。

b．檐口第一根挂瓦条要保证瓦头出檐（或出封檐板外）50～70mm；上下排平瓦的瓦头和瓦尾的搭扣长度为50～70mm；屋脊处两个坡面上最上两根挂瓦条，要保证挂瓦后两个瓦尾的间距在搭盖脊瓦时，脊瓦搭接瓦尾的宽度每边不小于40mm。

　　c. 挂瓦条断面一般为30mm×30mm，长度一般不小于三根橡条间距，挂瓦条必须平直（特别是保证瓦条上边口的平直），接头在橡条上，钉置牢固，不得漏钉，接头要错开，同一橡条上不得连续超过三个接头；钉置檐口（或封檐板）时，要比挂瓦条高20～30mm，以保证檐口第一块瓦的平直；钉挂瓦条一般从檐口开始逐步向上至屋脊，钉置时，要随时校核瓦条间距尺寸的一致。为保证尺寸准确，可在一个坡面的两端准确量出瓦条间距，要通长拉线钉挂瓦条。

　　③ 木板基层上加铺油毡层的施工。油毡应平行屋脊自下而上铺钉，檐口油毡应盖过封檐板上边口10～20mm。油毡长边搭接不小于100mm，短边搭接不小于150mm，搭边要钉住，不得翘边。上下两层短边搭接缝要错开500mm以上，油毡用压毡条（可用灰板条）垂直屋脊方向钉住，间距不大于500mm。要求油毡铺平铺直，压毡条钉置牢靠，钉子不得直接在油毡上随意乱钉。油毡的毡面必须完整，不得有缺边破洞。

　　④ 混凝土基层的要求：

　　a. 檐口、屋脊、坡度应符合设计要求；

　　b. 基层经泼水检查无渗漏；

　　c. 找平层无龟裂，平整度偏差不大于10mm；

　　d. 水泥砂浆挂瓦条和基层黏结牢固，无脱壳、断裂，且符合木基层中有关施工要求；

　　e. 当平瓦设置防脱落拉结措施时，拉结构造必须和基层连接牢固。

　　（2）平瓦铺挂

　　① 上瓦。上瓦时应特别注意安全，在屋架承重的屋面上，上瓦必须前后两坡同时同一方向进行，以免屋架不均匀受力而变形。

　　② 摆瓦。一般有"条摆"和"堆摆"两种。"条摆"要求隔三根挂瓦条摆一条瓦，每米约22块；"堆摆"要求一堆9块瓦，间距为：左右隔两块瓦宽，上下隔两根挂瓦条，均匀错开，摆置稳妥。在钢筋混凝土挂瓦板上，最好随运随铺，如需要先摆瓦时，要求均匀分散平摆在板上，不得在一块板上堆放过多，更不准在板的中间部位堆放过多，以免荷重集中而使板断裂。

　　③ 屋面、檐口瓦的挂瓦顺序应从檐口由下到上，自左到右的方向进行。檐口瓦要挑出檐口50～70mm，瓦后的瓦抓均应挂在瓦条上，与左边下面两块瓦落槽密合，随时注意瓦面、瓦楞平直，不符合质量要求的瓦不能铺挂。在草泥基层上铺平瓦时，要掌握泥层的干湿度。为了保证挂瓦质量，应从屋脊拉一斜线到檐口，即斜线对准屋脊下第一张瓦的右下角，顺次与第二排的第二张、第三排的第三张……直到檐口瓦的右下角，都在一条直线上。然后由下到上依次逐张铺挂，可以达到瓦沟顺直、整齐美观。

　　④ 斜脊、斜沟瓦。先将整瓦（或选择可用的缺边瓦）挂上，沟瓦要求搭盖泛水宽度不小于150mm，弹出墨线，编好号码，将多余的瓦面砍去，然后按号码次序挂上；斜

脊处的平瓦也按上述方法挂上，保证脊瓦搭盖平瓦每边不小于40mm，弹出墨线，编好号码，砍（或锯）去多余部分，再按次序挂好。斜脊、斜沟处的平瓦要保证使用部位的瓦面质量。

⑤ 脊瓦。挂平脊、斜脊脊瓦时，应拉通长麻线，铺平挂直。脊瓦搭口和脊瓦与平瓦间的缝隙处，要用掺有纤维的混合砂浆嵌严刮平，脊瓦与平瓦的搭接每边不少于40mm；平脊的接头口要顺主导风向；斜脊的接头口向下（即由下向上铺设），平脊与斜脊的交接处要用掺有纤维的混合砂浆填实抹平。沿山墙封檐的一行瓦，宜用1：2.5的水泥砂浆做出坡水线将瓦封固。

⑥ 在混凝土基层上铺设平瓦时，应在基层表面抹1：3水泥砂浆找平层，钉设挂瓦条挂钉。当设有卷材或涂膜防水层时，防水层应铺设在找平层上；当设有保温层时，保温层应铺设在防水层上。

（3）泛水处理　施工细节部位泛水处理的具体做法见表7-7。

表7-7　施工细节部位泛水处理

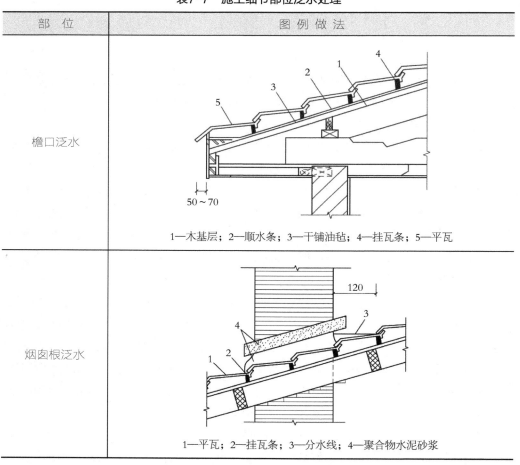

部　位	图　例　做　法
檐口泛水	1—木基层；2—顺水条；3—干铺油毡；4—挂瓦条；5—平瓦
烟囱根泛水	1—平瓦；2—挂瓦条；3—分水线；4—聚合物水泥砂浆

部 位	图 例 做 法
油毡瓦屋面檐口	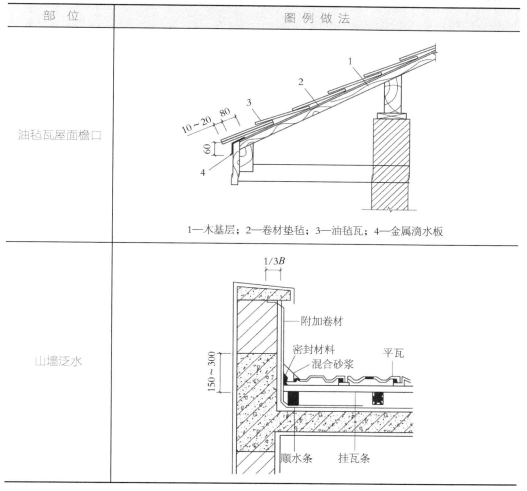 1—木基层；2—卷材垫毡；3—油毡瓦；4—金属滴水板
山墙泛水	

3. 平瓦屋面施工质量控制

① 平瓦必须铺置牢固。地震设防地区或坡度大于50%屋面，应采取固定加强措施。

② 挂瓦条应分挡均匀，铺钉平整、牢固；瓦面平整、行列整齐、搭接紧密、檐口平直。

③ 脊瓦应搭盖正确，间距均匀，封固严密；屋脊和斜脊应顺直，无起伏现象。

第五节 屋面防水施工与质量监控

小别墅屋面防水主要采用的做法为卷材屋面防水和刚性屋面防水。

一、卷材屋面防水施工与质量监控

卷材屋面防水主要做法如下。

1. 沥青卷材防水施工

（1）**施工步骤** 沥青卷材防水层主要施工步骤如下。

基层清理→涂刷冷底子油→弹线→铺贴附加层→铺贴卷材→铺设保护层。

（2）**施工做法详解**

① 基层清理。基层验收合格，表面尘土、杂物清理干净并干燥。卷材在铺贴前应保持干燥，其表面的撒布物应预先清除干净，并避免损伤油毡。

图7-11 涂刷冷底子油

② 涂刷冷底子油（图7-11）。铺贴前先在基层上均匀涂刷两层冷底子油，大面积喷刷前，应将边角、管根、雨水口等处先喷刷一遍，然后大面积喷刷，第一遍干燥后，再进行第二遍，完全晾干后再进行下一道工序（一般晾干12h以上）。要求喷刷均匀无漏底。

③ 弹线。按卷材搭接规定，在屋面基层上放出每幅卷材的铺贴位置，弹上粉线标记，并进行试铺。

④ 铺贴附加层。根据细部处理的具体要求，铺贴附加层。

⑤ 铺贴卷材。在无保温层的装配式屋面上，应沿屋面板的端缝先单边点粘一层卷材，每边宽度不应小于100mm或采取其他增大防水层适应变形的措施，然后再铺贴屋面卷材。

冷贴法铺贴卷材宜采用刷油法。常温施工时，在找平层上涂刷沥青玛瑞脂后，需经10～30min待溶剂挥发一部分而稍有黏性时，再平铺卷材，但不应迟于45min。刷油法一般以四人为一组，刷油、铺毡、滚压、收边各由一人操作，具体内容见表7-8。

表7-8 冷贴法施工步骤及内容

步骤	内容
刷油	操作人在铺毡前方用长柄刷蘸油涂刷，油浪应饱满均匀，不得在冷底子油上来回揉刷，以免降低油温或不起油，刷油宽度以300～500mm为宜，超出卷材不应大于50mm
铺毡	铺贴时两手紧压卷材，大拇指朝上，其余四指向下卡住卷材，两脚站在卷材中间，两腿成前弓后蹲式，头稍向下，全身用力，随着刷油，稳稳地推压油浪，并防止卷材松卷无力，一旦松卷要重新卷紧，铺到最后，卷材又细又松不易铺贴时，可用托板推压
滚压	紧跟铺贴后不超过2m进行，用铁滚筒从卷材中间向两边缓缓滚压，滚压时操作人员不得站在未冷却的卷材上，并负责质量自检工作，如发现气泡，须立即刺破排气，重新压实
收边	用胶皮刮压卷材两边，挤出多余的沥青玛琋脂，赶出气泡，并将两边封严压平，及时处理边部的皱褶或翘边

⑥ 铺设保护层。

a. 绿豆砂保护层施工。在卷材表面涂刷2～3mm厚的沥青玛琋脂，并随即将加热到100℃的绿豆砂，均匀地铺撒在屋面上，铺绿豆砂时，一人沿屋脊方向顺着卷材的接缝逐段涂刷玛琋脂，另一人跟着撒砂，第三人用扫帚扫平，迅速将多余砂扫至稀疏部位，保持均匀不露底，紧跟着用铁滚筒压平木拍板拍实，使绿豆砂1/2压入沥青玛琋脂中，冷却后扫除没有粘牢的砂粒，不均匀处应及时补撒。

b. 板、块材保护层施工。卷材屋面采用板、块材作保护层时，板、块材底部不得与卷材防水层粘贴在一起，应铺垫干砂、低强度等级砂浆、纸筋灰等，将板、块垫实铺实。板、块材料之间可用沥青玛琋脂或砂浆严密灌缝，铺设好的保护层应保证流水通顺，不得有积水现象。

c. 块体材料保护层每4～6m应留设分格缝，分格缝宽度不宜小于20mm。搬运板块时，不得在屋面防水层上和刚铺好的板块上推车，否则，应铺设运料通道，搬放板块时应轻放，以免砸坏或戳破防水层。

d. 整体材料保护层施工。卷材屋面采用现浇细石混凝土或水泥砂浆作保护层时，在卷材与保护层之间必须做隔离层，隔离层可薄薄抹一层纸筋灰，或涂刷两道石灰水进行处理。

细石混凝土强度不低于C20，水泥砂浆宜采用1∶2的配合比。水泥砂浆保护层的表面应抹平压光，并设表面分格缝，分格面积宜为1m²。

细石混凝土保护层的混凝土应密实，表面应抹平压光，并留设分格缝。分格缝木条应刨光（梯形），横截面高同保护层厚，上口宽度为25～30mm，下口宽度为20～25mm。

e. 水泥砂浆、块体材料或细石混凝土保护层与女儿墙之间应留宽度为30mm的缝隙，并用密封材料嵌填密实。

2. 高聚物改性沥青卷材防水施工

（1）施工步骤　高聚物改性沥青卷材防水层主要施工步骤如下。

基层处理→涂刷基层处理剂→弹线→铺贴附加层→铺贴卷材→铺设保护层。

（2）施工做法详解　高聚物改性沥青防水卷材施工的具体内容见表7-9。

表7-9　高聚物改性沥青防水卷材施工的具体内容

步骤	施 工 要 点
基层处理	应用水泥砂浆找平，并按设计要求找好坡度，做到平整、坚实、清洁，无凹凸形、尖锐颗粒，用2m直尺检查，最大空隙不应超过5mm
涂刷基层处理剂	在干燥的基层上涂刷氯丁胶黏剂稀释液，其作用相当于传统的沥青冷底子油。涂刷时要均匀一致，无露底，操作要迅速，一次涂好，切勿反复涂刷，亦可用喷涂方法
弹线	基层处理剂干燥（4～12h）后，按现场情况弹出卷材铺贴位置线
铺贴附加层	参见沥青卷材施工
铺贴卷材	立面或大坡面铺贴高聚物改性沥青防水卷材时，应采用满粘法，并宜减少短边搭接 铺贴多跨和高低屋面时，应先远后近，先高跨后低跨，在一个单跨铺贴时应先铺排水比较集中的部位（如檐口、水落口、天沟等处），再铺卷材附加层，由低到高，使卷材按流水方向搭接
保护层施工	① 宜优先采用自带保护层卷材 ② 采用浅色涂料作保护层时，应待卷材铺贴完成，经检验合格并清刷干净后涂刷。涂层应与卷材黏结牢固，厚薄均匀，不得漏涂 ③ 采用水泥砂浆、块体材料或细石混凝土做保护层时，参见"沥青防水层施工要点"中的相关内容

3. 合成高分子卷材防水施工

（1）施工步骤　合成高分子卷材防水层主要施工步骤如下。

基层处理→涂刷基层处理剂→弹线→铺贴附加层→涂刷胶黏剂→铺贴卷材→铺设保护层。

（2）施工做法详解　合成高分子卷材防水施工的具体内容见表7-10。

表7-10　合成高分子卷材防水施工的具体内容

步　骤	内　容
基层处理	应用水泥砂浆找平，并按设计要求找好坡度，做到平整、坚实、清洁，无凹凸形、尖锐颗粒，用2m直尺检查，最大空隙不应超过5mm
涂刷基层处理剂	在基层上用喷枪（或长柄棕刷）喷涂（或涂刷）基层处理剂，要求厚薄均匀，不允许露底
弹线	基层处理剂干燥后，按现场情况弹出卷材铺贴位置线
铺贴附加层	对阴阳角、水落口、管子根部等形状复杂的部位，按设计要求和细部构造铺贴附加层
涂刷胶黏剂	先在基层上弹线，排出铺贴顺序，然后在基层上及卷材的底面，均匀涂布基层胶黏剂，要求厚薄均匀，不允许有露底和凝胶堆积现象，但卷材接头部位100mm不能涂布胶黏剂。如做排气屋面，亦可采取空铺法、条粘法、点粘法涂刷胶黏剂
铺贴卷材	立面或大坡面铺贴合成高分子防水卷材时，应采用满粘法并宜采用短边搭接
铺设保护层	与沥青卷材防水层相同

4. 卷材屋面防水施工质量监控

① 卷材屋面竣工后，禁止在其上凿眼、打洞或做安装、焊接等操作，以防破坏卷材造成漏水。

② 铺设沥青的操作人员，应穿工作服，戴安全帽、口罩、手套、帆布脚盖等劳保用品；工作前手脸及外露皮肤应涂擦防护油膏等。

③ 卷材防水层的搭接缝应黏（焊）结牢固，封闭严密，不得有皱褶、翘边和鼓泡等缺陷；防水层的收头应与基层黏结并固定牢固，缝口封严，不得翘边。

④ 卷材防水层上的撒布材料和浅色涂料保护层应铺撒或涂刷均匀，黏结牢固；水泥砂浆、块材或细石混凝土保护层与卷材防水层间应设置隔离层；刚性保护层的分格缝留置应符合设计要求。

⑤ 排气屋面排气道应纵横贯通，不得堵塞。排气管应安装牢固、位置正确、封闭严密。

⑥卷材的铺贴方向应正确，卷材的搭接宽度的允许偏差为−10mm。

二、刚性屋面防水施工与质量监控

刚性防水屋面（图7-12）主要适用于防水等级为Ⅲ级的屋面防水，也可用作Ⅰ、Ⅱ级屋面多道防水设防中的一道防水层；不适用于设有松散保温层的屋面、大跨度和轻型屋盖的屋面，以及受振动或冲击的建筑屋面。而且刚性防水层的节点部位应与柔性材料复合使用，才能保证防水的可靠性。

137

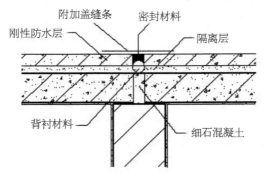

图7-12 刚性屋面防水层施工示意

1. 施工步骤

刚性防水屋面主要施工步骤：基层处理→细部构造处理→标高坡度、分格缝弹线→绑扎钢筋→洒水湿润→浇筑混凝土→浇水养护→分格缝嵌。

2. 施工做法详解

刚性屋面防水施工具体内容见表7-11。

表7-11 刚性屋面防水施工的具体内容

步 骤	内 容
基层处理	浇筑细石混凝土前，需待板缝灌缝细石混凝土达到强度，清理干净，板缝已做密封处理；将屋面结构层、保温层或隔离层上面的松散杂物清除干净，凸出基层上的砂浆、灰渣用凿子凿去，扫净，用水冲洗干净
细部构造处理	浇筑细石混凝土前，应按设计或技术标准的细部处理要求，先将伸出屋面的管道根部、变形缝、女儿墙、山墙等部位留出缝隙，并用密封材料嵌填；泛水处应铺设卷材或涂膜附加层；变形缝中应填充泡沫塑料，其上填放衬垫材料，并用卷材封盖，顶部应加扣混凝土盖板或金属盖板
标高坡度、分格缝弹线	根据设计坡度要求在墙边引测标高点并弹好控制线。根据设计或技术方案弹出分格缝位置线（分格缝宽度不小于20mm），分格缝应留在屋面板的支承端、屋面转折处、防水层与突出屋面结构的交接处。分格缝最大间距为6m，且每个分格板块以20～30m² 为宜
绑扎钢筋	钢筋网片按设计要求的规格、直径配料，绑扎。搭接长度应大于250mm，在同一断面内，接头不得超过钢筋断面的1/4；钢筋网片在分格缝处应断开；钢筋网应采用砂浆或塑料块垫起至细石混凝土上部，并保证留有10mm的保护层
洒水湿润	浇混凝土前，应适当洒水湿润基层表面，主要是利于基层与混凝土层的结合，但不可洒水过量

步　骤	内　容
浇筑混凝土	① 拉线找坡、贴灰饼。根据弹好的控制线，顺排水方向拉线冲筋，冲筋的间距为1.5m左右，在分格缝位置安装木条，在排水沟、雨水口处找出泛水 ② 混凝土浇筑。混凝土的浇筑应按先远后近、先高后低的原则。在湿润过的基层上分仓均匀地铺设混凝土，在一个分仓内可先铺25mm厚混凝土，再将扎好的钢筋提升到上面，然后再铺盖上层混凝土。用平板振捣器振捣密实，用木杠沿两边冲筋标高刮平，并用滚筒来回滚压，直至表面浮浆不再沉落为止；然后用木抹子搓平、提出水泥浆。浇筑混凝土时，每个分格缝板块的混凝土必须一次浇筑完成，不得留施工缝 ③ 压光。混凝土稍干后，用铁抹子三遍压光成活，抹压时不得撒干水泥或加水泥浆，并及时取出分格缝和凹槽的木条。头遍拉平、压实，使混凝土均匀密实；待浮水沉失，人踩上去有脚印但不下陷时，再用抹子压第二遍，将表面平整、密实，注意不得漏压，并把砂眼、抹纹抹平，在水泥终凝前，最后一遍用铁抹子同向压光，保证密实美观
养护	常温下，细石混凝土防水层抹平压实后12～24h可覆盖草袋（垫）、浇水养护（塑料布覆盖养护或涂刷薄膜养生液养护），时间一般不少于14d
分格缝嵌缝	细石混凝土干燥后，即可进行嵌缝施工。嵌缝前应将分格缝中的杂质、污垢清理干净，然后在缝内及两侧刷或喷冷底子油一遍，待干燥后，用油膏嵌缝

3. 刚性屋面防水施工质量监控

① 细石混凝土防水层应表面平整、压实抹光，不得有裂缝、起壳、起砂等缺陷。

② 细石混凝土防水层表面平整度的允许偏差为5mm。

第八章

小别墅装饰建材的选用

自建小别墅装饰建材的选用不但会关系到装修质量的好坏、业主日后生活的舒适度，而且还对工程总造价有着直接的影响。自建小别墅的建材一般都是由业主自行购买，因此业主在购买建材前还是要学习一些必备知识，下面主要介绍建材的选购技巧和材料参考价格（参考价格取自北京市建材超市和建材城综合调研得出）。

第一节　小别墅装饰常用材料的种类与选购技巧

一、常见装饰材料的分类

常见装饰材料的分类见表8-1。

表8-1　常见装饰材料的分类

种 类	名 称
装饰石材	花岗石、大理石、人造石等
装饰陶瓷	通体砖、抛光砖、釉面砖、玻化砖、陶瓷锦砖等
装饰骨架材料	木龙骨、轻钢龙骨、铝合金骨架、塑钢骨架等
装饰线条	木线条、石膏线条、金属线条等
装饰板材	木芯板、胶合板、贴面板、纤维板、刨花板、人造装饰板、防火板、铝塑板、吊顶扣板、石膏板、矿棉板、阳光板、彩钢板、不锈钢装饰板、实木拼花地板、实木复合地板、人造板地板、复合强化地板、薄木敷贴地板、立木拼花地板、集成地板、竹质条状地板、竹质拼花地板等

种　类	名　称
装饰塑料	塑料地板、铺地卷材、塑料地毯、塑料装饰板、墙纸、塑料门窗型材、塑料管材、模制品等
装饰纤维织品	地毯、墙布、窗帘、家具覆饰、床上用品、巾类织物、餐厨类纺织品、纤维工艺美术品等
装饰玻璃	平板玻璃、磨砂玻璃、压花玻璃、夹层玻璃、钢化玻璃、中空玻璃、雕花玻璃、玻璃砖、泡沫玻璃、镭射玻璃等
装饰涂料	清油清漆、厚漆、调和漆、硝基漆、防锈漆、乳胶漆、石质漆等
装饰五金配件	门锁拉手、合页铰链、滑轨道、开关插座面板等
管线材料	电线、铝塑复合管、PPR给水管、PVC排水管等
胶凝材料	水泥、白乳胶、地板胶、粉末壁纸胶、玻璃胶等
装饰灯具	吊灯、吸顶灯、筒灯、射灯、壁灯、软管灯带等
卫生洁具	洗面盆、抽水马桶、浴缸、淋浴房、水龙头、水槽等
电器设备	热水器、浴霸、抽油烟机、整体橱柜等

二、常用装饰材料选购技巧

自建小别墅装饰所涉及的材料品种繁多，但材料质量的优劣直接影响着家居装饰的效果和使用寿命。在选购装饰材料时要货比三家，应选择合格的品牌产品。常见装饰材料的选购技巧见表8-2。

表8-2　常见装饰材料的选购技巧

材料名称	选 购 要 点
饰面板	基层板好，饰面层厚度大于或等于0.3mm，且均匀一致，块与块之间的拼接看不到缝隙，纹理、质地、色泽基本一致，不透底，无破损及划痕，环保达标
大芯板	双面面板完整、光滑、色质好、表面平整，无挡手感，无翘曲现象，芯板木方方正，拼接严实牢固，材质均为杉木，环保达标
夹板	表面平整、光滑、无破损、无补丁，层与层之间黏合牢固，每层厚度均匀一致，平放基本不翘曲，环保达标
石膏板	可锯、可刨、强度高，纸面不起泡，厚度均匀
防火板	厚度达到标准、颜色悦人、韧性好，不脆，高温不变形
木地板	尺寸一致，外形方正，材质好，拼口平整，漆面平整光滑、耐磨，无翘曲现象

材料名称	选 购 要 点
线条	纹理、质地、色泽基本一致，外形方正、表面光滑、无变形、尺寸达标
瓷砖	尺寸一致，无色差；表面平整、无翘曲、无缺棱掉角，敲击时声音清脆、耐污力强、吸水率低、环保达标
洁具	表面光洁、颜色正、轻敲声音清脆，正规厂家生产，有产品合格证和保修卡、国家技术监督部门的质检报告
五金件	表面光洁，手掂有沉重感，螺纹加工标准，能转动部位灵活，有产品合格证和保修卡

第二节　常见墙面材料的选用与参考价格

一、内墙装饰选用涂料

1. 内墙涂料的分类

内墙涂料是目前室内装饰装修中最常用的墙面装饰材料。根据溶剂的不同，内墙涂料可分为水溶性涂料和溶剂型涂料，其具体特性见表8-3。

表8-3　内墙涂料的类别及特性

类 别	特 性
水溶性涂料	水溶性涂料无污染、无毒、无火灾隐患，易于涂刷、干燥迅速，漆膜耐水、耐擦洗性好、色彩柔和。水溶性涂料以水作为分散介质，无环境污染问题，透气性好，避免了因涂膜而导致内外温度压力差引起的起泡问题，适合未干透的新墙面涂刷
溶剂型涂料	溶剂型内墙涂料以高分子合成树脂为主要成膜物质，必须使用有机溶剂为稀释剂。该涂料是用一定的颜料、添剂及助剂经混合研磨而制成的，是一种挥发性涂料，价格比水溶性涂料高。此类涂料因为含有易燃溶剂，所以施工时易造成火灾。在低温施工时，其性能好于水溶性涂料，有良好的耐候性和耐污染性，有较好的厚度、光泽、耐水性、耐碱性，但在潮湿的基层上施工时易起皮、起泡、脱落

2. 内墙涂料的种类及参考价格

内墙装饰涂料的种类有很多，下面以几种常用的涂料为例进行解读，具体内容见表8-4～表8-7。

表8-4 乳胶漆的基本特性及参考价格

特　点	图　片	价格
乳胶漆是以合成树脂乳液为原料，加入颜料、调料及各种辅助剂配制而成的一种水性涂料，右图为红色乳胶漆涂刷的背景墙		乳胶漆的价格一般在300～1000元/桶之间（可根据自家装修的风格和档次进行选择）

选购小常识
①用鼻子闻。真正环保的乳胶漆应是水性无毒无味的，如果闻到刺激性气味或工业香精味，就应慎重选择
②用眼睛看。放一段时间后，正品乳胶漆的表面会形成一层厚厚的、有弹性的氧化膜，不易裂；而次品只会形成一层很薄的膜，易碎，且具有辛辣气味
③用手感觉。将乳胶漆拌匀，再用木棍挑起来，优质乳胶漆往下流时会成扇面形。用手指摸，正品乳胶漆应该手感光滑、细腻
④耐擦洗。可将少许涂料刷到水泥墙上，涂层干后用湿抹布擦洗，高品质的乳胶漆耐擦洗性很强，而低档的乳胶漆只擦几下就会出现掉粉、露底的褪色现象
⑤根据空间功能选购。例如，卫浴、地下室最好选择耐真菌性较好的产品，而厨房则最好选择耐污渍及耐擦洗性较好的产品

表8-5 硅藻泥的基本特性及参考价格

特　点	图　片	价格
硅藻泥是一种以硅藻土为主要原材料的内墙环保装饰壁材，具有消除甲醛、净化空气、调节湿度、释放负氧离子、防火阻燃、墙面自洁、杀菌除臭等功能。由于硅藻泥健康环保，不仅有很好的装饰性，还具有功能性，是替代壁纸和乳胶漆的新一代室内装饰材料		硅藻泥的价格一般在220～680元/m²之间（可根据自家装修的风格和档次进行选择）

选购小常识
①购买时要求商家提供硅藻泥样板，以便现场进行吸水率测试，若吸水量又快又多，则产品孔质完好；若吸水率低，则表示孔隙堵塞，或是硅藻土含量偏低
②购买时请商家以样品点火示范，若会冒出气味呛鼻的白烟，则可能是以合成树脂作为硅藻土的固化剂，遇火灾发生时，容易产生毒性气体
③用手轻触硅藻泥，如有粉末黏附，表示产品表面强度不够坚固，日后使用会有磨损情况产生

表8-6　木器漆的基本特性及参考价格

特　点	图片	价格
木器漆可使木质材质表面更加光滑，避免木质材质直接被硬物刮伤或产生划痕；有效地防止水分渗入木材内部造成腐烂；有效防止阳光直晒木质家具造成干裂		木器漆的价格一般在220～1500元/桶之间（可根据自家装修的风格和档次进行选择）
选购小常识		

　①要注意是否是正规生产厂家的产品，并要具备质量保证书，看清生产的批号和日期，确认产品合格后方可购买。溶剂型木器漆国家已有"3C"的强制规定，因此在市场购买时需关注产品包装上是否有"3C"标识

　②购买木器漆时需要向市场索取同产品在一年内的抽样检测报告

　③选择聚氨酯木器漆的同时应注意木器漆稀释剂的选择。通常在超市购置的聚氨酯木器漆，其包装中包含主剂、固化剂、稀释剂

　④选购水性木器漆时，应当去正规的家装超市或专卖店购买。根据水性木器漆的分类，可结合自己经济能力进行选择，如需要价格低的，一般选择第一类水性漆；要是中档以上或比较讲究的装修，则最好用第二类或第三类水性漆

表8-7　金属漆的基本特性及参考价格

特　点	图片	价格
金属漆，又叫"金属闪光漆"，在它的漆基中加有细微的金属粉末（如铝粉、铜粉等），光线射到金属粉末上后，又透过气膜被反射出来。因此，看上去好像金属在闪闪发光一样。这种金属闪光漆用于家居装饰中，可以给人们一种愉悦、轻快、新颖的感觉		金属漆的价格一般在180～500元/桶之间（可根据自家装修的风格和档次进行选择）
选购小常识		

　①观察金属漆的涂膜是否丰满光滑，以及是否由无数小的颗粒状或片状金属拼凑起来

　②金属漆已获得ISO9002质量体系认证证书和中国环境标志产品认证证书，购买时需向商家索取

二、内墙装饰选用壁纸

内墙装饰壁纸的种类有很多，下面以几种常用的壁纸为例进行解读，具体内容见表8-8～表8-11。

表8-8　PVC壁纸的基本特性及参考价格

特　点	图片	价格
PVC壁纸具有一定的防水性，施工方便，耐久性强；PVC壁纸有较强的质感和较好的透气性，能够较好地抵御油脂和湿气的侵蚀，可用在厨房和卫浴，几乎适合家居的所有空间		PVC壁纸的价格一般在80～280元/m²之间（可根据自家装修的风格和档次进行选择）

选购小常识
①PVC壁纸的环保性检查。一般可以在选购时，简单地用鼻子闻一下壁纸有无异味，如果刺激性气味较重，证明含甲醛、氯乙烯等挥发性物质较多。此外，还可以将小块壁纸浸泡在水中，一段时间后，闻一下是否有刺激性气味挥发
②看PVC壁纸表面有无色差、死褶与气泡。最重要的是必须看清壁纸的对花是否准确，有无重印或者漏印的情况。一般好的PVC壁纸看上去自然、有立体感。此外，还可以用手感觉壁纸的厚度是否一致
③检查壁纸的耐用性，可以通过检查它的脱色情况、耐脏性、防水性以及韧性等来判断。检查脱色情况可用湿纸巾在PVC壁纸表面擦拭，看是否有掉色情况。检查耐脏性可用笔在表面划一下，再擦干净，看是否留有痕迹。检查防水性可在壁纸表面滴几滴水，看是否有渗入现象

表8-9　纯纸壁纸的基本特性及参考价格

特　点	图片	价格
纯纸壁纸不含PVC，壁纸的打印面纸采用高分子水性吸墨涂层，用水性颜料墨水便可以直接打印，打印图案清晰细腻，色彩还原好，可防潮、防紫外线		纯纸壁纸的价格一般在100～600元/m²之间（可根据自家装修的风格和档次进行选择）

选购小常识
①手摸纯纸壁纸应感觉光滑，如果有粗糙的颗粒状物体则并非真正的纯纸壁纸
②纯纸壁纸有清新的木浆味，如果存在异味或无气味则并非纯纸；纯纸燃烧产生白烟，无刺鼻气味，残留物均为白色；纸质有透水性，在壁纸上滴几滴水，看水是否透过纸面；真正的纯纸壁纸结实，不因水泡而掉色，取一小部分泡水，用手刮壁纸表面看是否掉色
③注意购买同一批次的产品。即使色彩图案相同，如果不是同一批生产的产品，颜色可能也会出现一些偏差，在购买时往往难察觉，直到贴上墙才发现

表8-10　金属壁纸的基本特性及参考价格

特　点	图片	价格
①金属壁纸即在产品基层上涂上一层金属，质感强，极具空间感，可以让居室产生奢华大气之感，属于壁纸中的高档产品 ②金属壁纸在家居装饰中不适合大面积使用，与家具、装饰搭配需要较强的设计感		金属壁纸的价格一般在200～1000元/m²之间（可根据自家装修的风格和档次进行选择）

选购小常识

①由于金属壁纸是将金、银、铜、锡、铝等金属经特殊处理后，制成薄片贴饰于壁纸表面，因此在购买时要能够鉴别不同种类的金属壁纸

②仔细观察金属壁纸的表面，查看是否有刮花、漆膜分布不均的现象

表8-11　木纤维壁纸的基本特性及参考价格

特　点	图片	价格
①木纤维壁纸有相当卓越的抗拉伸、抗扯裂强度（是普通壁纸的8～10倍），其使用寿命比普通壁纸长 ②木纤维壁纸和大多数壁纸一样，施工时对墙面的平整度要求较高 ③木纤维壁纸的花色繁多，适用于各种风格的家居，尤其适用于充满自然气息的田园风格		木纤维壁纸的价格一般在100～600元/m²之间（可根据自家装修的风格和档次进行选择）

选购小常识

①翻开木纤维壁纸的样本，凑近闻其气味，木纤维壁纸散发出的是淡淡的木香味，几乎闻不到气味，有异味则绝不是木纤维

②木纤维壁纸燃烧时没有黑烟，就像烧木头一样，燃烧后留下的灰烬也是白色的；如果冒黑烟、有臭味，则有可能是PVC材质的壁纸

③在木纤维壁纸背面滴上几滴水，看是否有水汽透过纸面，如果看不到，则说明这种壁纸不具备透气性能，绝不是木纤维壁纸

④把一小部分木纤维壁纸泡入水中，再用手指刮壁纸表面和背面，看其是否褪色或泡烂。真正的木纤维壁纸特别结实，并且因其染料为天然成分，所以不会因为水泡而脱色

第三节　常见地面材料的选用与参考价格

一、地砖的选用

地砖的种类有很多，下面以几种常用的地砖为例进行解读，具体内容见表8-12～表8-16。

表8-12　玻化砖的基本特性及参考价格

特　点	图片	价格
①玻化砖是所有瓷砖中最硬的一种，在吸水率、边直度、弯曲强度、耐酸碱性等方面都优于普通釉面砖、抛光砖及一般的大理石 ②玻化砖经打磨后，毛气孔暴露在外，油污、灰尘等容易渗入 ③玻化砖较适用于现代风格、简约风格等家居风格之中		玻化砖的价格一般在100～600元/m²之间（可根据自家装修的风格和档次进行选择）

选购小常识
①看玻化砖的表面是否光泽亮丽，有无划痕、色斑、漏抛、漏磨、缺边、缺角等缺陷。质量好、密度高的玻化砖手感比较沉，质量差的手感较轻
②敲击玻化砖，若声音浑厚且回音绵长如敲击铜钟之声，则为优等品；若声音混哑，则质量较差。测试玻化砖不加水是否防滑，因为玻化砖越加水会越防滑
③在同一型号且同一色号范围内随机抽样不同包装箱中的产品若干，在地上试铺，站在3m之外仔细观察，检查产品色差是否明显，砖与砖之间缝隙是否平直，倒角是否均匀
④查看玻化砖底胚商标标记，正规厂家生产的产品底胚上都有清晰的产品商标标记，如果没有或者特别模糊的建议不要购买

表8-13　釉面砖的基本特性及参考价格

特　点	图片	价格
①釉面砖的色彩图案丰富、规格多、防渗，可无缝拼接、任意造型，韧度非常好，基本不会发生断裂现象 ②由于釉面砖的表面是釉料，所以耐磨性不如抛光砖，釉面砖的应用非常广泛，但不宜用于室外，因为室外的环境比较潮湿，釉面砖就会吸收水分产生湿胀。釉面砖主要用于室内的厨房、卫浴等墙面和地面		釉面砖的价格一般在150～600元/m²之间（可根据自家装修的风格和档次进行选择）

续表

选购小常识
①在光线充足的环境中把釉面砖放在离视线0.5m的距离外，观察其表面有无开裂和釉裂，然后把釉面砖反转过来，看其背面有无磕碰情况，但只要不影响正常使用，有些许磕碰也是可以的。如果侧面有裂纹，且占釉面砖本身厚度的一半或一半以上的时候，那么此砖就不宜使用了 ②随便拿起一块釉面砖，然后用手指轻轻敲击釉面砖的各个位置，如声音一致，则说明内部没有空鼓、夹层；如果声音有差异，则可认定此砖为不合格产品

表8-14　全抛釉瓷砖的基本特性及参考价格

特　点	图片	价格
①全抛釉瓷砖的优势在于花纹出色，不仅造型华丽，色彩也很丰富，且富有层次感，格调高 ②全抛釉瓷砖的缺点为防污染能力较弱；其表面材质太薄，容易刮花划伤，容易变形 ③全抛釉瓷砖的种类丰富，适用于任何家居风格；因其丰富的花纹，特别适合欧式风格的家居环境		全抛釉瓷砖的价格一般在220～500元/m²之间（可根据自家装修的风格和档次进行选择）

选购小常识
①全抛釉最突出的特点是光滑透亮，单个光泽度值高达104，釉面细腻平滑，色彩厚重或绚丽，图案细腻多姿。鉴别时，要仔细看整体的光感，还要用手轻摸感受质感 ②全抛釉瓷砖也要测吸水率、听敲击声音、刮擦砖面、细看色差等，鉴别方法与其他瓷砖基本一致 ③为预防施工及搬运损耗，建议多购买数片并按整箱购买

表8-15　马赛克的基本特性及参考价格

特　点	图片	价格
①马赛克具有防滑、耐磨、不吸水、耐酸碱、抗腐蚀、色彩丰富等优点 ②马赛克的缺点为缝隙小，较易藏污纳垢 ③马赛克适用于厨房、卫浴、卧室、客厅等。如今马赛克可以烧制出更加丰富的色彩，也可用各种颜色搭配拼贴成自己喜欢的图案，所以也可以镶嵌在墙上作为背景墙		马赛克价格一般在100～800元/m²之间（可根据自家装修的风格和档次进行选择）

续表

选购小常识

①在自然光线下，距马赛克0.5m目测有无裂纹、疵点及缺边、缺角现象，如内含装饰物，其分布面积应占总面积的20%以上，且分布均匀

②马赛克的背面应有锯齿状或阶梯状沟纹。选用的胶黏剂除保证粘贴强度外，还应易清洗。此外，胶黏剂还不能损坏背纸或使玻璃马赛克变色

③抚摸其釉面可以感觉到防滑度，然后看厚度，厚度决定密度，密度高吸水率才低，吸水率低是保证马赛克持久耐用的重要因素，可以把水滴到马赛克的背面，水滴不渗透的质量好，往下渗透的质量差。另外，内层中间打釉的通常是品质好的马赛克

表8-16 金属砖的基本特性及参考价格

特　点	图片	价格
①金属砖具有光泽耐久、质地坚韧的特点，并且具有良好的热稳定性、耐酸碱性，易于清洁 ②金属砖的色彩与其他瓷砖相比较为单一，在家居应用中有一定的局限性 ③金属砖常用于家居小空间的墙面和地面铺设，如卫浴、过道等，且有很好的点缀作用		金属砖的价格一般在160～2800元/m²之间（可根据自家装修的风格和档次进行选择）

选购小常识

①选购金属砖时，以左手拇指、食指和中指夹瓷砖一角，轻轻垂下，用右手食指轻击陶瓷中下部，如声音清亮、悦耳为上品；如声音沉闷、滞浊则为下品

②选购金属砖时，应选择仿金属色泽的釉砖，价格比较便宜，并且呈现出来的金属质感比较温和，适合铺在面积比较大的空间内

③金属砖以硬底良好、韧性强、不易碎为上品。仔细观察残片断裂处是细密还是疏松，色泽是否一致，是否含有颗粒。以残片棱角互划，是硬、脆还是较软，是留下划痕还是散落粉末，如为前者，则该金属砖即为上品，后者即为下品

④品质好的金属砖釉面应均匀、平滑、整齐、光洁、亮丽、色泽一致。光泽釉应晶莹亮泽，无光釉的应柔和、舒适。如果表面有颗粒、不光洁、颜色深浅不一、厚薄不匀甚至凹凸不平，呈云絮状，则为下品

二、地板的选用

地板的种类有很多，下面以几种常用的地板为例进行解读，具体内容见表8-17～表8-20。

表8-17　实木地板的基本特性及参考价格

特　点	图片	价格
①实木地板基本保持了原料自然的花纹，脚感舒适、使用安全是其主要特点，且具有良好的保温、隔热、隔声、吸声、绝缘性能 ②实木地板的缺点为难保养，且对铺装的要求较高，一旦铺装不好，会造成一系列问题，如有声响等		实木地板的价格一般在240～1000元/m²之间（可根据自家装修的风格和档次进行选择）
选购小常识		

①要检查基材的缺陷。看地板是否有死节、开裂、腐朽、菌变等缺陷，并查看地板的漆膜光洁度是否合格，有无气泡、漏漆等问题

②学会识别木地板材种。有的厂家为促进销售，将木材冠以各式各样不符合木材学的美名，如"金不换""玉檀香"等；更有甚者，以低档充高档木材，购买者一定要学会辨别

③要观察木地板的精度。一般木地板开箱后可取出10块左右徒手拼装，观察企口咬合、拼装间隙、相邻板间高度差。若严格合缝，手感无明显高度差即可

④购买时应多买一些作为备用。一般20m²房间材料损耗在1m²左右，所以在购买实木地板时，不能按实际面积购买，以防止日后地板的搭配出现色差等问题

表8-18　实木复合地板的基本特性及参考价格

特　点	图片	价格
①实木复合地板的加工精度高，具有天然木质感、容易安装维护、防腐防潮、抗菌等优点，并且相较于实木地板更加耐磨 ②实木复合地板如果胶合质量差会出现脱胶现象；另外实木复合地板表层较薄，生活中必须重视维护保养		实木复合地板的价格一般在180～300元/m²之间（可根据自家装修的风格和档次进行选择）

选购小常识
①实木复合地板表层厚度决定其使用寿命，表层板材越厚，耐磨损的时间就长，欧洲实木复合地板的表层厚度一般要求到4mm以上 ②实木复合地板分为表、芯、底三层。表层为耐磨层，应选择质地坚硬、纹理美观的品种；芯层和底层为平衡缓冲层，应选用质地软、弹性好的品种 ③选择实木复合地板时，一定要仔细观察地板的拼接是否严密，相邻板应无明显高低差 ④实木复合地板的胶合性能是该产品的重要质量指标，该指标的优劣直接影响使用功能和寿命。可将实木复合地板的小样品放在70℃的热水中浸泡2h，观察胶层是否开胶，如开胶则不宜购买

表8-19　强化复合地板的特性及参考价格

特点	图片	价格
①强化复合地板具有应用面广，无需上漆打蜡，日常维修简单，使用成本低等优势 ②强化复合地板的缺点为水泡损坏后不可修复，另外脚感较差		强化复合地板的价格一般在180～260元/m²之间（可根据自家装修的风格和档次进行选择）

选购小常识
①学会测耐磨转数，这是衡量强化复合地板质量的一项重要指标。一般而言，耐磨转数越高，地板使用的时间越长，强化复合地板的耐磨转数达到10000转为优等品，不足10000转的产品，在使用1～3年后就可能出现不同程度的磨损现象 ②强化复合木地板的表面一般有沟槽型、麻面型和光滑型三种，本身无优劣之分，但都要求表面光洁无毛刺

表8-20　PVC地板的基本特定及参考价格

特　点	图片	价格
①PVC地板具有质轻、尺寸稳定、施工方便、经久耐用等特点 ②PVC地板的不足之处是不耐烫、易污染，受锐器磕碰易受损 ③PVC地板的材质为塑胶，因此怕晒也怕潮，不建议用于阳台、卫浴的地面铺设，容易引起翘曲和变形		PVC复合地板的价格一般在60～200元/m²之间（可根据自家装修的风格和档次进行选择）

选购小常识
①PVC地板的厚度主要由两方面决定，即底料层厚度和耐磨层厚度。原则上越厚的地板使用寿命越长，但选购时主要还是要看耐磨层的厚度。家庭使用一般情况下选用厚度和耐磨层均在2～3mm的PVC地板即可 ②可以通过反复弯曲折叠PVC地板，看经多次弯曲折叠后，产品在最初有什么变化。好的产品没有任何变化；中档产品会有明显的拉伸痕迹，而且不能还原；而低档产品当时就会被折断

第四节　门窗与五金配件的选用与参考价格

一、门的选用

门的种类有很多，下面以几种常用的门为例进行解读，具体内容见表8-21～表8-24。

表8-21　实木门的基本特性及参考价格

特　点	图　片	价格
①经实木加工后的成品实木门具有不变形、耐腐蚀、隔热保温、无裂纹等特点。此外，实木具有调温调湿的性能，吸声性好，从而有很好的吸音隔声作用 ②实木门可以用于客厅、卧室、书房等家居中的主要空间		实木门的价格一般在5000～12000元/樘之间（可根据自家装修的风格和档次进行选择）

选购小常识
①触摸感受实木门漆膜的丰满度，漆膜丰满说明油漆的质量好，对木材的封闭好；可以从门斜侧方的反光角度，看表面的漆膜是否平整，有无橘皮现象，有无突起的细小颗粒 ②看实木门表面的平整度。如果实木门表面平整度不够，说明选用的是比较廉价的板材，环保性能也很难达标 ③选购实木门要看门的厚度，可以用手轻敲门面，若声音均匀沉闷，则说明该门质量较好。一般木门的实木比例越高，这扇门就越沉

表8-22　实木复合门的基本特性及参考价格

特　点	图片	价格
①实木复合门充分利用了各种材质的优良特性，避免采用成本较高的珍贵木材，有效地降低生产成本。除了良好的视觉效果外，还具有隔音、隔热、强度高、耐久性好等特点 ②实木复合门由于表面贴有密度板等材料，因此怕水且容易破损		实木复合门的价格一般在1000～5000元/樘之间（可根据自家装修的风格和档次进行选择）

选购小常识
①在选购实木复合门时，要注意查看门扇内的填充物是否饱满 ②观看实木复合门边刨修的木条与内框连接是否牢固，装饰面板与门框黏结应牢固，无翘边和裂缝 ③实木门板面应平整、洁净、无节疤、无虫眼，无裂纹及腐斑，木纹应清晰，纹理应美观

表8-23　玻璃推拉门的基本特性及参考价格

特　点	图片	价格
①根据使用玻璃品种的不同，玻璃推拉门可以起到分隔空间、遮挡视线、适当隔音、增加私密性、增加空间、使用弹性等作用 ②玻璃推拉门的缺点为通风性及密封性相对较弱 ③玻璃推拉门常用于阳台、厨房、卫浴、壁橱等家居空间中		玻璃推拉门的价格一般在800～3000元/m²之间（可根据自家装修的风格和档次进行选择）

选购小常识
①检查密封性。目前市场上有些品牌的推拉门底轮是外置式的，因此两扇门滑动时就要留出底轮的位置，这样会使门与门之间的缝隙非常大，密封性无法达到规定的标准 ②看轮底质量。只有具备超大承重能力的底轮才能保证良好的滑动效果和超常的使用寿命。承重能力较小的底轮一般只适合做一些尺寸较小且门板较薄的推拉门，进口优质品牌的底轮，具有180kg承重能力及内置的轴承，适合制作各种尺寸的滑动门，同时具备底轮的特别防震装置，可使底轮能够应对各种状况的地面

表8-24 防盗门的基本特性及参考价格

特 点	图 片	价格
①防盗门具有防火、隔音、防盗、防风、美观等优点 ②防盗门一般用于从室外进入室内的第一道门，任何家居风格均适用		防盗门的价格一般在800～5000元/樘之间（可根据自家装修的风格和档次进行选择）

选购小常识
①防盗门安全等级分为A、B、C三级。C级防盗性能最高，B级其次，A级最低，市面上多为A级，普遍适用于一般家庭。A级要求：全钢质、平开全封闭式，在普通机械手工工具与便携式电动工具相互配合作用下，其最薄弱环节能够抵抗非正常开启的净时间≥15min ②防盗门的材质。目前较普遍用不锈钢，选购时主要看两点：牌号，现流行的不锈钢防盗门材质以牌号302、304为主；钢板厚度，门框钢板厚度不小于2cm，门扇前后面钢板厚度一般有0.8～1cm，门扇内部设有骨架和加强板 ③锁具。合格的防盗门一般采用三方位锁具或五方位锁具，不仅门锁可以锁定，上下横杆都可插入锁定，对门加以固定。大多数门在门框上还嵌有橡胶密封条，关闭门时不会发出刺耳的金属碰撞声。要注意是否采用经公安部门检测合格的防盗专用锁，在锁具处应有3mm以上厚度的钢板进行保护 ④注意看有无开焊、未焊、漏焊等缺陷，看门扇与门框配合处的所有接头是否密实，间隙是否均匀一致，开启是否灵活，油漆电镀是否均匀、牢固、光滑等

二、窗的选用

窗的种类有很多，下面以几种常用的窗为例进行解读，具体内容见表8-25和表8-26。

表8-25 百叶窗的基本性能及参考价格

特 点	图 片	价格
①百叶窗可完全收起，使窗外景色一览无余，既能够透光又能够保证室内的隐私性，开合方便，很适合大面积的窗户 ②百叶窗的叶片较多，不太容易清洗 ③百叶窗在家居中的客厅、餐厅、卧室、书房和卫浴等空间的运用广泛		百叶窗的价格一般在800～5000元/m²之间（可根据自家装修的风格和档次进行选择）

选购小常识

①选购百叶窗时，最好先触摸一下百叶窗窗棂片是否平滑均匀，看看每一个叶片是否起毛边。一般来说，质量优良的百叶窗在叶片细节方面处理得较好，若质感较好，那么它的使用寿命也会较长

②看百叶窗的平整度与均匀度、看看各个叶片之间的缝隙是否一致，叶片是否存在掉色、脱色或明显的色差（两面都要仔细查看）

表8-26　气密窗的基本性能及参考价格

特　点	图片	价格
①气密窗有三大功能，水密性、气密性及强度。水密性是指能防止雨水侵入，气密性与隔音有直接的关系，气密性越高，隔音效果越好 ②气密窗应用时应注意室内空气流动，避免通风不良		气密窗的价格一般在800～3000元/m²之间（可根据自家装修的风格和档次进行选择）

选购小常识

①气密窗品质的好坏，难用肉眼观察评测，最好按照气密性、水密性、耐风压及隔音性等指标进行选购

②测量在一定面积单位内，空气渗入或溢出的量。《建筑装饰装修工程质量验收规范》（GB 50210—2001）规定，最高等级2以下，即能有效隔音

③测试防止雨水渗透的性能，共分为4个等级，《建筑装饰装修工程质量验收规范》（GB 50210—2001）规定，最高标准值为490.3N/m²，最好选择343.2N/m²以上，以能更从容地应对风雨侵袭

④耐风压性指其所能承受风的荷载能力，共分5个等级，3530.4N/m²为最高等级

⑤隔音性能与气密性有很大关系，气密性佳则隔音性相对较好。好的隔音效果，至少需要阻隔噪声25～35dB

三、五金配件的选用

五金配件包括的内容有很多，下面以几种常用的五金配件为例进行解读，具体内容见表8-27～表8-29。

表8-27　门锁的基本特性及参考价格

特　点	图　片	价　格
①门锁是用来把门锁住，以防止他人打开这个门的设备，可以为家居提供安全保障 ②根据门锁的功能差异，有些锁具安全系数较低，不适合户外门		门锁的价格一般在100～1000元/副之间（可根据自家装修的风格和档次进行选择）

选购小常识
①选择有质量保证的生产厂家生产的品牌锁，注意看门锁的锁体表面是否光洁，有无表面可见的缺陷 ②注意选购和门同样开启方向的锁，可将钥匙插入锁芯孔开启门锁，测试是否畅顺、灵活 ③注意家门边框的宽窄，安装球形锁和执手锁的门边框不能小于90cm。同时旋转门锁执手、旋钮，看其开启是否灵活 ④一般门锁适用门厚为35～45mm，但有些门锁可延长至50mm，应查看门锁的锁舌，伸出的长度不能过短 ⑤部分执手锁有左右手分别。在门外侧面对门时，门铰链在右手处，即为右手门；在左手处，即为左手门

表8-28　门把手的基本特性及参考价格

特　点	图　片	价　格
①门把手兼具美观性和功能性，可以美化家居环境，也能提升隔音效果 ②有些塑料材质的门把手使用年限较短 ③门把手的风格很多，可以根据其造型特点应用于不同风格的家居中		门把手的价格一般在10～1000元/把之间（可根据自家装修的风格和档次进行选择）

选购小常识
①选购时主要看门把手的外观是否有缺陷、电镀光泽如何、手感是否光滑等 ②门把手应能承受较大的拉力，一般应大于6kg ③高档进口门把手有全套进口和进口配件国内组装之分，价格不同，购买时应注意区分。若为进口的，应能出具进关单，没有则多数为组装 ④纯铜的门把手不一定比不锈钢的贵，要看工艺的复杂程度；而塑料门把手再漂亮也不要买，其强度不够，断裂就无法开门

表8-29 门吸的基本特性及参考价格

特 点	图片	价格
①门吸的主要作用是用于门的制动，防止其与墙体、家具发生碰撞而产生破坏，同时可以防止门被大的对流空气吹动而对门造成伤害 ②门吸根据家居设计的需要，可以应用于各种风格的家居空间中		门吸的价格一般在5~100元/套之间（可根据自家装修的风格和档次进行选择）
选购小常识		
①选择品牌产品。品牌产品从选材、设计到加工、质检都足够严格，生产的产品能够保证质量且有完善的售后服务，这是十分必要的 ②门吸最好选择不锈钢材质，具有坚固耐用、不易变形的特点。质量不好的门吸容易断裂，购买时可以使劲掰一下，如果会发生形变，就不要购买 ③选购门吸产品时，应尽量购买造型敦实、工艺精细、减震及韧性较高的产品 ④考虑适用度。比如，计划安在墙上，就要考虑门吸上方有无暖气、储物柜等有一定厚度的物品，若有则应装在地上		

第五节　厨卫与灯具的选用与参考价格

一、厨卫设备的选用

厨卫设备包括的内容有很多，下面以几种常用的厨卫设备为例进行解读，具体内容见表8-30~表8-38。

表8-30 整体橱柜的基本特性及参考价格

特 点	图片	价格
①整体橱柜具有收纳功能强大、方便拿取物品的优点 ②整体橱柜的转角处容易设计不当，需多加注意		整体橱柜的价格一般在4000~15000元/组之间（可根据自家装修的风格和档次进行选择）

157

续表

选购小常识

①尺寸要精确。大型专业化企业用电子开料锯通过电脑输入加工尺寸，开出的板尺寸精度非常高，板边不存在崩茬现象；而手工作坊型小厂用小型手动开料锯，简陋设备开出的板尺寸误差大，往往在1mm以上，而且经常会出现崩茬现象，致使板材基材暴露在外

②孔位要精准。孔位的配合和精度会影响橱柜箱体的结构牢固性。专业大厂的孔位都是一个定位基准，尺寸的精度有保证。手工小厂则使用排钻，甚至是手枪钻打孔，这样组合出的箱体尺寸误差较大，不是很规则的方体，容易变形，易断裂，购买时可以使劲掰一下，如果会发生形变，就不要购买

③外形要美观。橱柜的组装效果要美观，缝隙要均匀。生产工序的任何尺寸误差都会表现在门板上，专业大厂生产的门板横平竖直，且门间间隙均匀；而小厂生产组合的橱柜，门板会出现门缝不平直、间隙不均匀，有大有小，甚至是门板不在一个平面上

④滑轨要顺畅。注意抽屉滑轨是否顺畅，是否有左右松动的状况，以及抽屉缝隙是否均匀

表8-31　灶具的基本性能及参考价格

特　点	图　片	价格
①现代灶具的款式新颖，安全措施增强，具有高热效率，并且可以节能省电 ②灶具为厨房中的基础设备，适用于任何风格 ③灶具用于厨房空间，用来完成家中的烹饪		灶具的价格一般在1000～5000元/套之间（可根据自家装修的风格和档次进行选择）

选购小常识

①优质燃气灶产品其外包装材料结实、说明书与合格证等附件齐全、印刷内容清晰

②优质燃气灶外观美观大方，机体各处无碰撞现象，产品表面喷漆均匀平整，无起泡或脱落现象

③优质燃气灶的整体结构稳定可靠，灶面光滑平整，无明显翘曲，零部件的安装牢固可靠，没有松脱现象

④优质燃气灶的开关旋钮、喷嘴及点火装置的安装位置必须准确无误。通气点火时，应基本保证每次点火都可使燃气点燃起火（启动10次至少应有8次可点燃火焰），点火后4s内火焰应燃遍全部火孔。利用电子点火器进行点火时，人体在接触灶体的各金属部件时，应无触电感觉。火焰燃烧时应均匀稳定呈青蓝色，无黄火、红火现象

表8-32　抽油烟机的基本性能及参考价格

特　点	图片	价格
①抽油烟机可以将炉灶燃烧的废物和烹饪过程中产生的对人体有害的油烟迅速抽走，排出室外，减少污染，净化空气，并有防毒和防爆的安全保障作用 ②抽油烟机用于家庭中的厨房，起到降低厨房油烟异味的作用		抽油烟机的价格一般在800～15000元/台之间（可根据自家装修的风格和档次进行选择）

<table>
<tr><td colspan="3">选购小常识</td></tr>
<tr><td colspan="3">①一般来讲，通过长城认证（中国电工产品领域的国家认证组织）的抽油烟机，其安全性更可靠，质量更有保证
②考查抽排效率，只有保持高于80Pa的风压，才能形成一定距离的气流循环。风压大小取决于叶轮的结构设计，一般抽油烟机的叶轮多采用涡流喷射式。另外，一些小厂家为了降低成本，将风机的涡轮扇页改成塑料的。在厨房这样的环境中，塑料涡轮扇页容易老化变形，也不便清洗，所以业主应尽可能选购金属涡轮扇页的抽油烟机
③噪声方面，国家标准规定抽油烟机的噪声不超过65～68dB</td></tr>
</table>

表8-33　水槽的基本性能及参考价格

内　容	图片	价格
①厨房水槽以不锈钢水槽为主，具有面板薄、重量轻、耐腐蚀、耐高温、耐潮湿，易于清洁等优点 ②一些不锈钢水槽具有不耐刮，花纹中易积垢的缺点		水槽的价格一般在300～3000元/个之间（可根据自家装修的风格和档次进行选择）

<table>
<tr><td colspan="3">选购小常识</td></tr>
<tr><td colspan="3">①选购不锈钢水槽时，先看不锈钢材料的厚度，以0.8～1.0mm厚度为宜，过薄会影响水槽的使用寿命和强度
②看表面处理工艺，高光的光洁度高，但容易刮划；砂光的耐磨损，却易聚集污垢；亚光的既有高光的亮泽度，也有砂光的耐久性，较多的人选择亚光型不锈钢水槽
③使用不锈钢水槽，表面容易被刮划，所以其表面最好经过拉丝、磨砂等特殊处理，这样既能经受住反复磨损，也可更耐污，清洗方便
④选择陶瓷水槽重要的参考指标是釉面光洁度、亮度和陶瓷的吸水率。光洁度高的产品颜色纯正、不易挂脏积垢、易清洁、自洁性好，吸水率越低的产品越好</td></tr>
</table>

表8-34　水龙头的基本性能及参考价格

特　点	图　片	价　格
①水龙头的造型多变，具有实用功能的同时，也不乏美观性 ②有些铜质水龙头易产生水渍 ③水龙头为厨卫的基础设备，任何家居风格均适用 ④水龙头常用于厨卫之中，是室内水源的开关，负责控制和调节水的流量大小		水龙头的价格一般在100～2500元/个之间（可根据自家装修的风格和档次进行选择）
选购小常识		
①分辨水龙头好坏要看其光亮程度，表面越光滑、越亮代表质量越好 ②好的龙头在转动把手时，龙头与开关之间没有过大的间隙，而且开关轻松无阻，不打滑。劣质水龙头不仅间隙大，受阻感也大 ③好龙头是整体浇铸铜，敲打起来声音沉闷。如果声音很脆，则为不锈钢，档次较低		

表8-35　洗脸盆的基本特性及参考价格

特　点	图　片	价　格
①如今洗面盆的种类、款式和造型都非常丰富，兼具实用性与装饰性 ②石材洗面盆较容易藏污，且不易清洗		洗脸盆的价格一般在200～1800元之间（可根据自家装修的风格和档次进行选择）
选购小常识		
①在选购洗面盆时，要注意支撑力是否稳定，以及内部的安装配件螺钉、橡胶垫等是否齐全 ②应该根据自家卫浴面积的实际情况来选择洗面盆的规格和款式。如果面积较小，一般选择柱盆或角型面盆，可以增强卫浴的通气感；如果卫浴面积较大，选择台盆的自由度就比较大了，沿台式面盆和无沿台式面盆都比较适用，台面可采用大理石或花岗岩材料		

表8-36　抽水马桶的基本特性及参考价格

特　点	图　片	价　格
①抽水马桶是所有洁具中使用频率最高的一个，其冲净力强，若加了纳米材质，表面还可以防污 ②抽水马桶若损坏，需重新打掉卫浴地面、壁面重新装设		马桶的价格一般在600～5000元之间（可根据自家装修的风格和档次进行选择）

选购小常识

①马桶越重越好，普通马桶质量为25kg左右，好的马桶50kg左右。重量大的马桶密度大，质量过关。简单测试马桶重量的方法为双手拿起水箱盖，掂一掂它的重量

②注意马桶的釉面，质量好的马桶其釉面应该光洁、顺滑、无起泡、色泽柔和。检验外表面釉面之后，还应去摸一下马桶的下水道，如果粗糙，以后容易造成遗挂

③检查马桶是否漏水的办法是在马桶水箱内滴入蓝墨水，搅匀后看坐便器出水处有无蓝色水流出，如有则说明马桶有漏水的地方

表8-37 浴缸的基本性能及参考价格

特 点	图 片	价 格
①当劳累了一天，回到家之后用浴缸泡个澡，可以缓解疲劳，让生活变得更有乐趣 ②浴缸并不是必备的洁具，适合摆放在面积比较宽敞的卫生间中		浴缸的价格一般在3000~16000元之间（可根据自家装修的风格和档次进行选择）

选购小常识

①浴缸的大小要根据浴室的尺寸来确定，如果确定把浴缸安装在角落里，通常说来，三角形的浴缸要比长方形的浴缸多占空间

②尺码相同的浴缸，其深度、宽度、长度和轮廓也并不一样，如果喜欢水深点的，溢出口的位置就要高一些

③对于单面有裙边的浴缸，购买的时候要注意下水口、墙面的位置，还需注意裙边的方向，否则买错了就无法安装了

表8-38 淋浴房的基本性能及参考价格

特 点	图 片	价 格
在淋浴区与洗漱区中间安装一组玻璃拉门形成淋浴房，可以使浴室做到干湿分区，避免洗澡时脏水喷溅污染其他空间，使后期的清扫工作更简单、省力。另外，淋浴房还十分节省空间，有些家庭卫浴空间小，安不下浴缸，可以选择淋浴房		淋浴房的价格一般在2000~10000元之间（可根据自家装修的风格和档次进行选择）

续表

选购小常识
①看淋浴房的玻璃是否通透，有无杂点、气泡等缺陷。淋浴房的玻璃可分为普通玻璃和钢化玻璃，大多数的淋浴房都是使用钢化玻璃，其厚度至少要达到5mm，才能具有较强的抗冲击力能力，不易破碎
②合格的淋浴房铝材厚度一般在1.2mm以上，走上轨吊玻璃铝材需在1.5mm以上。铝材的硬度可以通过手压铝框测试，硬度在13度以上的铝材，成人很难用手压使其变形
③淋浴房的拉杆是保证无框淋浴房稳定性的重要支撑，拉杆的硬度和强度是淋浴房抗冲击性的重要保证。建议不要使用可伸缩的拉杆，其强度偏弱

二、灯具的选用

灯具包括的种类和样式有很多，下面以表8-39中的内容为例进行解读。

表8-39　灯具的基本特性及参考价格

特　点	图片	价格
①不同造型、色彩、材质的灯具，可以为居室营造出不同的光影效果。靠灯具的造型及位置的高低，可以轻易地改变室内的氛围 ②灯具的种类和造型极多，可以根据不同的家居风格来选择适合的灯具 ③家居中各个空间都会用到灯具，空间特点不同选择的侧重点也不同		普通LED灯的价格在30～100元/只；组合灯具的价格在200～8000元/套不等（可根据自家装修的风格和档次进行选择）

选购小常识
①选带有"3C"认证的产品。购买时要仔细查看商品是否有清晰、耐久的标志，生产厂家名称及地址、产品型号、产品主要技术参数、商标、制造日期及产品编号、执行标准、质量检验标志等各种信息是否齐全，并进行通电检查，查看产品是否可以正常工作
②购买灯具时详细地阅读标示，注意电力的最高负荷量及适用何种灯泡
③灯具的大小要结合室内的面积考虑。如12m²以下的小客厅宜采用直径200mm以下的吸顶灯或壁灯，以免显得过于拥挤。15m²左右的客厅，宜采用直径为300mm左右的吸顶灯或吊灯，灯的直径最大不得超过400mm

第九章

小别墅基础装修

第一节　基础水电改造

一、水路材料的选择与施工

1. 水路材料的选择

水路施工是小别墅基础装修中最基础的项目，水路施工做得好，不仅影响到今后的使用，而且还会涉及日常的安全问题，常用的水路材料有PVC管、PPR管、弯头、三通、丝堵、软管、阀门等。

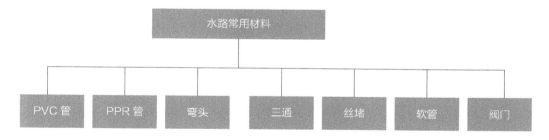

（1）PVC管的选择　PVC（图9-1）这一材料的化学名称是聚氯乙烯，其中含有氯的成分，对健康不利，PVC管现在已经被明令禁止作为给水管使用，尤其是热水管更不能使用。如果原有水路采用的是PVC管，应该全部更换。

PVC管选购时应注意以下几点。

① 选购PVC管材时先观察外观，最常见的白色PVC水管，颜色为乳白色且着色均匀，内外壁均比较光滑，而不合格的PVC水管颜色有的特别白，有的发黄，着色不均，较硬，外壁光滑但内壁粗糙，有针刺或小孔。

② 检验其韧性，将其锯成窄条后，弯折180°，如果一折就断说明其韧性差，费力才

经验小指导：PVC 给水管的规格有 ϕ20、ϕ25、ϕ32、ϕ40、ϕ50、ϕ63、ϕ75、ϕ90、ϕ110、ϕ125、ϕ140、ϕ160、ϕ180、ϕ200、ϕ225、ϕ250、ϕ280、ϕ315、ϕ355、ϕ400 等。

图9-1　PVC管的应用

能折断的管材说明强度高、韧性佳。还可观察断茬，茬口越细腻，说明管材均化性、强度和韧性越好。

③ 决定购买前还应索取管材的检测报告，及其卫生指标的测试报告，以保证使用的健康。

（2）PPR管的选择　PPR管（图9-2）又叫三型聚丙烯管，作为一种新型水管材料，它既可用作冷水管，也可以用作热水管，是目前家居装修中采用最多的一种供水管道。与传统的铸铁管、塑钢管、镀锌钢管等管道相比，具有节能节材、环保、轻质高强、耐腐蚀、消菌、内壁光滑不结垢、施工和维修简便、使用寿命长等优点。

选购小常识：市面上的PPR管有白色、灰色、绿色和咖喱色等多种颜色，主要是因为添加的色母料不同而造成的。管体上有红线的表示为热水管，蓝线的为冷水管，没有线条显示的通常都有文字说明。

图9-2　PPR管

PPR管选购时应注意以下几点。

① 选购管材时要慎重，一定要选择合适的、大厂家生产的、有质量保证的管材。

② 好的PPR水管色泽柔和、均匀一致、无杂色，产品内外表面应光滑平整，不允许有气泡、明显的凹陷、沟槽和杂质等缺陷。优等PPR管材弹性好，管件不易受挤压而变形，即使变形也不破裂，并大大减少接头的使用量。

③ 辨别管材质量可以通过表9-1中的方式来进行。

表9-1 辨别管材质量的方法

方法	内　容
触摸	好的PPR水管原料为100%的PPR原料制作，质地纯正，手感柔和，颗粒粗糙的很可能掺了杂质
闻气味	好的管材没有气味，次品掺杂了聚乙烯，有怪味
捏硬度	PPR管具有相当的硬度，用力捏会变形的则为次品
量壁厚	根据各种管材的规格，用游标卡尺测量壁厚，好的产品符合规格规定
听声音	将管材从高处摔落，好的PPR管声音较沉闷，次品声音较清脆
燃烧	燃烧PPR管，次品因为有杂质会冒黑烟，有刺鼻气味，而合格品则无
看内径	看管材内径是否变形，内径不易变形的为较好的

（3）**弯头的选择** 弯头（图9-3）是水路管道安装中常用的一种连接用管件，是连接两根公称通径相同或者不同的管子，使管路作一定角度的转弯，公称压力为1～1.6MPa。

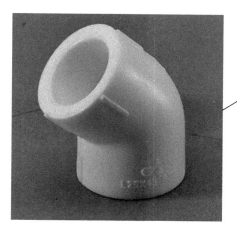

选购小常识：①按角度分，其中最常用的有45°、90°及180°，还包括60°等非正常角度弯头；②按材料分为铸铁、不锈钢、合金钢、可锻铸铁、碳钢、有色金属及塑料等弯头。

图9-3 45°弯头

弯头选购时应注意以下几点。

① 首先要注意管材的尺寸，要选择尺寸相符的款式。

② 选购时，可以闻一下弯头的味道，合格的产品没有刺鼻的味道。

③ 之后观察配件，看颜色、光泽度是否均匀；管壁是否光洁；带有螺纹的还应观察螺纹的分布是否均匀。

④ 最后索要产品的合格证书和说明书，选择正规产品才能保证使用的时长和健康。

（4）**三通的选择** 三通为水管管道配件、连接件，又叫管件三通、三通管件或三通接头，用于三条相同或不同管路汇集处，主要作用是改变水流的方向。有T形与Y形两种，有等径管口（图9-4），也有异径管口（图9-5）。

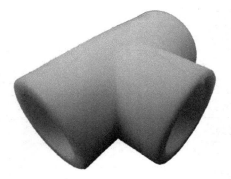

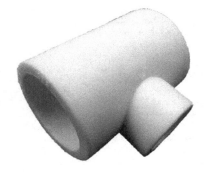

图9-4　等径三通　　　　　　　　　　　图9-5　异径三通

三通选购时应注意以下几点。

① 选购三通时，首先观察外观，外表面应光滑，没有存在会损害强度及外观的缺陷，如结疤、划痕、重皮等；不能有裂纹，表面应无硬点；支管根部不允许有明显褶皱。

② 合格的管件应没有刺鼻的味道，内壁和外壁一样光滑，没有杂质，带有螺纹的款式观察螺纹的分布是否均匀。

③ 合格的产品应带有一系列的检验说明，可向商家索要。

（5）**丝堵的选择**　丝堵是用于管道末端的配件，起到防止管道泄露的密封作用，是水暖系统安装中常用的管件，公称压力为1～1.6MPa。一般采用塑料或金属铁制成，同时分为内丝（螺纹在内）和外丝（螺纹在外），如图9-6所示。

（a）金属内丝　　　　（b）金属外丝　　　　（c）塑料外丝　　　　（d）塑料内丝

图9-6　丝堵

丝堵选购时应注意以下几点。

① 选购丝堵时，根据管道的材质选择相应的材质，看是选择塑料的还是金属的。

② 无论是外丝还是内丝，都是靠螺旋纹路来起到固定作用的，应着重观察螺纹的分布是否均匀、顺滑，若不是很顺滑，没有办法牢固地固定在管件上，就容易泄漏。

（6）**软管的选择**　软管（图9-7）在家装中，主要用于水路中水龙头、花洒等配件与主体部分的连接。

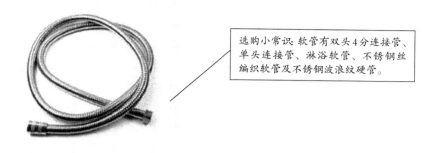

选购小常识：软管有双头4分连接管、单头连接管、淋浴软管、不锈钢丝编织软管及不锈钢波浪纹硬管。

图9-7 单头连接软管

软管的选择应注意以下几点。

① 市场上的软管主要有不锈钢和铝镁合金丝两种。不锈钢管的性能优于铝镁合金丝材质，因此建议购买不锈钢软管。两者可以通过外观进行区分，不锈钢软管表面颜色黑亮，而合金丝苍白暗亮。

② 在选购编织软管时需要特别注意，可以先观看编织效果，如果编织不跳丝、丝不断，不叠丝编织的密度（每股丝之间的空隙和丝径）越高越好；看编织软管是否材质为不锈钢丝；看软管其他配件的质量、材质。

③ 无论哪一种软管，在选购时应注意有质量保证的、品牌的、口碑好的产品更有保障。

（7）**阀门的选择** 阀门是流体输送系统中的控制部件，它是用来改变通路断面和介质流动方向，具有导流、截止、节流、止回、分流或溢流卸压等功能。阀门是依靠驱动或自动机构，使启闭件做升降、滑移、旋摆或回转运动，从而改变其流道面积的大小以实现其控制功能。

阀门选购应注意以下几点。

① 选购时观察阀门的外表，表面应无砂眼；电镀层应光泽均匀，无脱皮、龟裂、烧焦、露底、剥落、黑斑及明显的麻点等缺陷。

② 喷涂表面组织应细密、光滑均匀，不得有流挂、露底等缺陷。上述缺陷会直接影响阀门的使用寿命。

③ 阀门的管螺纹是与管道连接的，在选购时目测螺纹表面有无凹痕、断牙等明显缺陷，特别要注意的是管螺纹与连接件的旋合有效长度将影响密封的可靠性，选购时要注意管螺纹的有效长度。

2. 水路施工

（1）**施工步骤** 水路施工步骤如下：

画线→开槽→下料→预埋→预装→检查→安装→调试→修补→备案。

（2）**施工做法详解** 水路施工步骤及内容见表9-2。

表9-2　水路施工步骤及内容

步骤	内　　容
画线	水路施工时，首先就是定位置。先用墨线画线，勾画出需要走管的路线，定好位置。在定位时注意保护原有结构的各种管道设施
开槽	弹好线以后就是开暗槽，根据管路施工设计要求，在墙壁面标出穿墙设置的中心位置，用十字线记在墙面上，用冲击钻打洞孔，洞孔中心与穿墙管道中心线吻合。用专用切割机按线路割开槽面，再用电锤开槽。需要提醒的是，有的承重墙钢筋较多、较粗，不能把钢筋切断，以免影响房体结构安全，只能开浅槽或走明管，或者绕走其他墙面。如果业主想在凹槽的地方也做防水，需要提前对施工人员说明
下料	根据设计图纸为水管下料
预埋	管路支托架安装和预埋件的预埋
预装	组织各种配件预装
检查	检查调整管线的位置、接口、配件等是否安装正确
安装	安装前要将管内先清理干净，安装时要注意接口质量，同时找准各弯头和管件的位置和朝向，以确保安装后连接用水设备位置正确。现在家庭水路施工一般都采用PPR管，其管件连接采用热熔法，即利用高温将管件熔为一体，而铝塑管、镀锌管等接头是螺纹或卡套式的，几年以后接头处容易渗漏。当引管走顶时，因为是明管，所以应用管卡来固定，槽内的水管可用快干粉固定，这样就会比较牢靠，以利于下一个工序施工
调试	施工结束，最重要的一步就是调试，也就是通过打压试验。通常情况下打0.8MPa的压强，半个小时后，如果没有出现问题，那么水路施工就算完成了
修补	修补孔洞和暗槽，与墙地面保持一致
备案	完成水路布线图备案，以便日后维修使用

二、电路材料的选择与施工

1. 电路材料的选择

凡是隐蔽工程，其材料一定不能马虎。由于这些部位施工完成后，必须要覆盖起来，如果出现问题，无论是检查还是更换都非常麻烦。况且，水电等施工工程都是属于房屋施工中的重点工程，电路施工所用的材料更是不能随便。电路施工所涉及的材料主要有电线、穿线管、开关面板及插座等。

（1）电线的选择　为了防火、维修及安全，最好选用有长城标志的"国标"塑料或橡胶绝缘保护层的单股铜芯电线，线材截面积一般是：照明用线选用1.5mm²，插座用线选用2.5mm²，空调用线不得小于2.5mm²，接地线选用绿黄双色线，接开关线（火线）可以用红、白、黑、紫等任何一种，但颜色用途必须一致。电线的规格及用处见表9-3。

表9-3　电线的规格及用处

型号	规格/mm^2	用处
BV、BVR	1	照明线
BV、BVR	1.5	照明、插座连接线
BV、BVR	2.5	空调、插座用线
BV、BVR	4	热水器、立式空调用线
BV、BVR	6	中央空调、进户线
BV、BVR	10	进户总线

（2）穿线管的选择　电路施工涉及空间的定位，所以还要开槽，会使用到穿线管（图9-8）。严禁将导线直接埋入抹灰层，导线在线管中严禁有接头，同时对使用的线管（PVC阻燃管）进行严格检查，其管壁表面应光滑，壁厚要求达到手指用力捏不破的强度，而且应有合格证书。也可以用符合国标的专用镀锌管做穿线管。国家标准规定应使用管壁厚度为1.2mm的电线管，要求管中电线的总截面积不能超过塑料管内截面积的40%。例如：直径20mm的PVC电管只能穿1.5mm^{2}导线5根，或2.5mm^{2}导线4根。

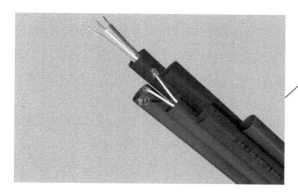

选购小常识：PVC穿线管的常用规格有：φ16、φ20（用于室内照明）、φ25（用于插座或室内主线）、φ32（用于进户线或弱电线）、φ40、φ50、φ63及φ75（用于室外配电线至入户的管线）等。

图9-8　PVC穿线管

穿线管选购应注意以下几点。

① 看外观。合格的产品管壁上会印有生产厂标记和阻燃标记，没有这两种标记的管不建议购买。

② 电线套管产品规格分为轻型、中型、重型三种，家用电线管一般不宜选择轻型材料。外壁应光滑，无凸棱、无凹陷、无针孔、无气泡，内、外径尺寸应符合标准，管壁厚度均匀一致。

③ 用火烧。用火烧管体，离火后30s内自动熄灭的证明阻燃性佳。

④ 弯曲后应光滑。在管内穿入弹簧，弯曲90°（弯曲的半径为管直径的3倍），外观光滑的为合格品。

（3）**开关面板、插座的选择**　面板的尺寸应与预埋的接线盒的尺寸一致；表面光洁、品牌标志明显、有防伪标志和国家电工安全认证的长城标志；开关开启时手感灵活，插座稳固，铜片要有一定的厚度；面板的材料应有阻燃性和坚固性；开关高度一般为1200～1350mm，距离门框门沿为150～200mm，插座高度一般为200～300mm。

2．电路施工

（1）**施工步骤**　电路施工步骤如下：

草拟布线图→画线，确定线路终端插座、开关、面板的位置，在墙面标画出准确的位置和尺寸→开槽→埋设暗盒及敷设PVC电线管→穿线→安装开关、面板、各种插座、强弱电箱和灯具→检查→完成电路布线图。

（2）**施工做法详解**

① 设计布线时，执行强电走上、弱电在下、横平竖直、避免交叉、美观实用的原则。

② 开槽深度应一致，一般是PVC管直径+10mm。

③ 电源线配线时，所用导线截面积应满足用电设备的最大输出功率。一般情况，照明截面为1.5mm^2，空调挂机及插座2.5mm^2，柜机截面为4.0mm^2，进户线截面为10.0mm^2。

④ 暗线敷设必须配阻燃PVC管。插座用SG20管，照明用SG16管。当管线长度超过15m或有两个直角弯时，应增设拉线盒。顶棚上的灯具位设拉线盒PVC管应用管卡固定。PVC管接头均用配套接头，用PVC胶水粘牢，弯头均用弹簧弯曲。暗盒、拉线盒与PVC管用锣接固定。

⑤ PVC管安装好后，统一穿电线，同一回路电线应穿入同一根管内，但管内总根数不应超过8根，电线总截面积（包括绝缘外皮）不应超过管内截面积的40%。

⑥ 电源线与通信线不得穿入同一根管内。

⑦ 电源线及插座与电视线及插座的水平间距不应小于500mm。

⑧ 电线与暖气、热水、燃气管之间的平行距离不应小于300mm，交叉距离不应小于100mm。

⑨ 穿入配管导线的接头应设在接线盒内，线头要留有余量150mm，接头搭接应牢固，绝缘带包缠应均匀紧密。

⑩ 安装电源插座时，面向插座的左侧应接零线（N），右侧应接相线（L），中间上方应接保护地线（PE）。保护地线为截面积为2.5mm^{2}的双色软线。

⑪ 当吊灯自重在3kg及以上时，应先在顶板上安装后置埋件，然后将灯具固定在后置埋件上。严禁安装在木楔、木砖上。

⑫ 连接开关、螺口灯具导线时，相线应先接开关，开关引出的相线应接在灯具中心的端子上，零线应接在螺纹的端子上。

⑬ 导线间和导线对地间电阻必须大于0.5MΩ。

⑭ 电源插座底边距地宜为300mm，平开关板底边距地宜为1300mm。挂壁空调插座的高度为1900mm。脱排插座高为2100mm，厨房插座高为950mm，挂式消毒柜插座高为1900mm，洗衣机插座高为1000mm。电视机插座高为650mm。

三、厨卫间防水层施工及质量监控

相对于其他施工项目来说，防水无疑是家居中最为重要的施工环节，因此，小别墅的厨房和卫生间在装修时一定要严格做防水。尤其是墙与地面之间的接缝及上下水之间的管道地面接缝处是最容易渗漏的地方，一定要督促工人处理好这些边角部位，防水涂料一定要涂抹到位。同时要求泥瓦工师傅给厨房、卫生间的上下水管一律做好水泥护根，从地面起向上刷10～20cm的防水涂料，然后地面再重做防水，以增强防水性。

目前家庭装修中厨房和卫生间常用的防水施工主要分为刚性防水和柔性防水两种。做防水的时候应明确两点：

① 在进行下一道工序之前，一定要确认上一道工序已经基本干透，绝对不能着急；

② 另外有一点需要特别注意，在厨房，大家一般只在放洗衣机的部位做局部防水，其实，下水管道等与地面接触的部位都是容易漏水的地方，都应该做局部防水。

1. 刚性防水施工及质量监控

刚性防水主要是在找平、粉刷砂浆中加入适量的砂浆防水剂以起到防水效果，造价相对较低、工期较快，对基层要求不高。

（1）施工步骤　刚性防水施工步骤如下：

基层处理→刷防水剂→抹水泥砂浆→压光养护→做防水试验。

（2）施工做法详解

① 基层处理。先用塑料袋之类的东西把排污管口包起来，扎紧，以防堵塞。对原有地面上的混凝土浮浆、砂浆落地灰等杂物清理干净，特别是卫生间墙、地面之间的接缝以及上下水管与地面的接缝处等最容易出现问题的部位一定要清扫干净。房间中的后埋管可以在穿楼板部位按规范设置防水环，以加大防水砂浆与上下水管道表面的接触面积，加强防水层的抗渗效果。同时检查原有基层的平整度，保证防水砂浆的最薄处不小于20mm，以避免防水砂浆因太薄开裂造成渗透，影响防水效果。施工前在基面上用净水浆扫浆一遍，特别是卫生间墙地面之间的接缝以及上下水管道与地面的接缝处要扫浆到位。

② 使用防水胶先刷墙面、地面，干透后再刷一遍。然后再检查一下防水层是否存在微孔，如果有，应及时补好。第二遍刷完后，在其没有完全干透前，在表面再轻轻刷上一两层薄薄的纯水泥层。

③ 地面施工时，在卫生间门口处预留出300mm宽做防水（防水层要一次性施工完

成），不能留有施工缝，在卫生间墙地面之间的接缝以及上下水管与地面的接缝处要加设密目钢丝网，上下搭接不少于150mm（水管处以防水层的宽度为准），压实并做成半径为25mm的弧形，加强该薄弱处的抗裂及防水能力。

④ 在已完成的防水基面上压光平实，并在砂浆硬化后浇水养护，养护时间不少于3d。

⑤ 待防水层干透后用水泥砂浆做好一个泥门槛，然后在防水地区蓄水进行测试，蓄水高1～2cm即可，时间为24h，以没有发现顶面渗水为准。

在防水工程做完后，封好门口及下水口，在卫生间地面蓄满水达到一定液面高度，并做上记号，24h内液面若无明显下降。尤其是在楼上的卫生间，一定要查看楼下有没有发生渗漏。如验收不合格，防水工程必须整体重做后，重新进行验收。千万别忽视这一环节，好多工人根本不重新做防水，都是打完玻璃胶完事，这样一旦事后漏水，再补救就来不及了，所以一定要做防水试验。在确认无渗漏点后，再铺设地砖。

（3）刚性防水施工质量监控

① 防水层施工的高度：建议卫生间墙面做到顶，地面满刷；厨房墙面1m高，最好到顶，地面满刷。

② 住宅楼卫生间地面通常比室内地面低2～3cm，坐便器给排水管均穿过卫生间楼板，考虑到给水管维修方便，须给水管安装套管。

③ 造成地面渗水的原因大致为：混凝土基层不密实，墙面及立管四周黏结不紧密，材质问题造成的地面开裂，混凝土养护不好造成的收缩裂缝及坐便器与冲水管连接处出现的缝隙。为保证地面垫层质量，推荐使用1：2.5防水水泥砂浆，并对管道四周及混凝土翻边处用透明防水剂或弹性防水涂料（液）进行重点处理，以提高结构防水性能，并按设计1%的泄水坡度坡向地漏管。

2. 柔性防水施工及质量监控

柔性防水主要有卷材防水和涂膜防水，目前家庭装修中主要是采用涂膜防水，主要材料有聚氨酯防水涂膜、聚氨酯防水氰凝等，其中又以聚氨酯涂膜应用最为广泛。柔性防水适用范围较广，效果较好，但造价相对较高、工期较长、对基层要求较高、室内外高差要求在5cm以上。这里以聚氨酯涂膜防水层为例，介绍柔性防水层的具体施工过程。

（1）施工步骤　柔性防水施工步骤如下：

清理基层表面→细部处理→配制底胶→涂刷底胶（相当于冷底子油）→细部附加层施工→第一遍涂膜→第二遍涂膜→第三遍涂膜防水层施工→防水层一次试水→保护层、饰面层施工→防水层二次试水→防水层验收。

（2）施工做法详解

① 防水层施工前，应将基层表面的尘土等杂物清除干净，并用干净的湿布擦一次。

② 涂刷防水层的基层表面，不得有凸凹不平、松动、空鼓、起砂、开裂等缺陷，含水率一般不大于9%。

③ 涂刷底胶（相当于冷底子油）。

a. 配制底胶，先将聚氨酯甲料、乙料加入二甲苯，比例为1：1.5：2（质量比）配合搅拌均匀，配制量应视具体情况定，不宜过多。

b. 涂刷底胶，将按上述方法配制好的底胶混合料，用长把滚刷均匀涂刷在基层表面，涂刷量为0.15～0.2kg/m²，涂后常温季节4h以后，手感不黏时，即可做下一道工序。

④ 涂膜防水层施工。在施工中涂膜防水材料，其配合比计量要准确，必须用电动搅拌机进行强力搅拌。

⑤ 细部附加层施工。地面的地漏、管根、出水口，卫生洁具等根部（边沿），阴、阳角等部位，应在大面积涂刷前，先做一布二油防水附加层，两侧各压交界缝200mm。涂刷防水材料具体要求是，在常温4h表面干后，再刷第二道涂膜防水材料，24h实干后即可进行大面积涂膜防水层施工。

⑥ 第一道涂膜防水层。将已配好的聚氨酯涂膜防水材料用塑料或橡皮刮板均匀涂刮在已涂好底胶的基层表面，用量为0.8kg/m²，不得有漏刷和鼓泡等缺陷，24h固化后，可进行第二道涂层。

⑦ 第二道涂层。在已固化的涂层上，采用与第一道涂层相互垂直的方向均匀涂刷在涂层表面，涂刮量与第一道相同，不得有漏刷和鼓泡等缺陷。

⑧ 24h固化后，再按上述配方和方法涂刮第三道涂膜，涂刮量以0.4～0.5kg/m²为宜。三道涂膜总厚度为1.5mm。

除上述涂刷方法外，也可采用长把滚刷分层进行相互垂直的方向分四次涂刷。如条件允许，也可采用喷涂的方法，但要掌握好厚度和均匀度。细部不易喷涂的部位，应在实干后进行补刷。

⑨ 进行第一次试水，遇有渗漏，应进行补修，至不出现渗漏为止。

⑩ 防水层施工完成后，经过24h以上的蓄水试验，未发现渗水漏水为合格。

（3）柔性防水施工质量监控

① 首先要用水泥砂浆将地面做平（特别是重新做装修的房子），然后做防水处理。这样可以避免防水涂料因薄厚不均或刺穿防水卷材而造成渗漏。

② 防水层空鼓一般发生在找平层与涂膜防水层之间和接缝处，原因是基层含水量过大，使涂膜空鼓，形成气泡。

③ 防水层渗漏水多发生在穿过楼板的管根、地漏、卫生洁具及阴阳角等部位，原因是管根、地漏等部件松动、黏结不牢、涂刷不严密或防水层局部损坏，部件接槎封口处搭接长度不够所造成。所以这些部位一定要格外注意，处理一定要细致，不能有丝毫的马虎。

④ 涂膜防水层涂刷24h未固化仍有粘黏现象，涂刷第二道涂料有困难时，可先涂一层滑石粉，在上人操作时，可不粘脚，且不会影响涂膜质量。

第二节 吊顶施工与质量监控

在自建小别墅装修中,对于顶面造型的设计与装饰运用日益增多。由于自建小别墅具有空间上的优势,因此,搭配造型精美的吊顶,往往能够带来非常好的装饰效果。一般来说,吊顶主要就是采用龙骨吊顶施工。

一、木骨架吊顶施工

1. 施工步骤

木骨架吊顶施工步骤如下:

顶棚标高弹水平线 → 画龙骨分挡线 → 安装水电管线设施 → 安装大龙骨 ↓
安装压条 ← 安装罩面板 ← 防腐处理 ← 安装小龙骨

2. 施工做法详解

(1)**安装大龙骨** 将预埋钢筋弯成环形圆钩,穿8号镀锌钢丝或用$\phi6 \sim \phi8$螺栓将大龙骨固定,并保证其设计标高,如图9-9所示。

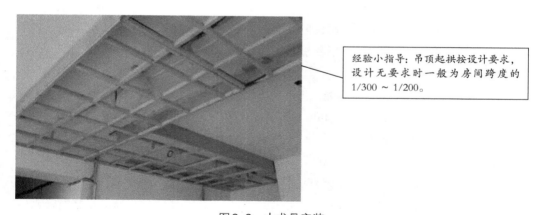

经验小指导:吊顶起拱按设计要求,设计无要求时一般为房间跨度的$1/300 \sim 1/200$。

图9-9 大龙骨安装

(2)**安装小龙骨**

① 小龙骨底面刨光、刮平,截面厚度应一致。

② 小龙骨间距应按设计要求,设计无要求时,应按罩面板规格决定,一般为$400 \sim 500mm$。

③ 按分挡线先定位安装通长的两根边龙骨,拉线后各根龙骨按起拱标高,通过短吊杆将小龙骨用圆钉固定在大龙骨上,吊杆要逐根错开,吊钉不得在龙骨的同一侧面

上。通长小龙骨对接接头应错开，采用双面夹板用圆钉错位钉牢，接头两侧各钉两个钉子。

④ 安装卡档小龙骨。按通长小龙骨标高，在两根通长小龙骨之间根据罩面板材的分块尺寸和接缝要求，在通长小龙骨底面横向弹分挡线，以底找平钉固卡挡小龙骨。

（3）防腐处理　顶棚内所有露明的铁件，钉罩面板前必须刷防腐漆，木骨架与结构接触面应进行防腐处理。

（4）安装管线设施　在弹好顶棚标高线后，应进行顶棚内水、电设备管线安装，较重吊物不得吊于顶棚龙骨上，如图9-10所示。

（5）安装罩面板　罩面板与木骨架的固定方式用木螺钉拧固法，如图9-11所示。

图9-10　管线设施安装

罩面板的固定方式：在吊顶施工中，很多工人在固定罩面板时，会采用胶粘或者排钉方法，虽然操作简单，但是从固定的效果上看，这两种方式都不是很理想，最好的办法是用自攻螺钉进行固定。相对而言，自攻螺钉能够将罩面板牢固地固定在龙骨上，防止罩面板因为后期的各种因素，如热胀冷缩、空气湿度变化等，造成罩面板松动脱落。

图9-11　罩面板安装

3. 木骨架罩面板吊顶施工质量控制

① 木龙骨安装要求保证没有劈裂、腐蚀、虫眼、死节等质量缺陷；规格为：截面长30～40mm；宽40～50mm。含水率低于10%。

② 龙骨应进行精加工，表面刨光，接口处开槽，横、竖龙骨交接处应开半槽搭接，并应进行阻燃剂涂刷处理。

③ 主龙骨吊点间距、起拱高度应符合设计要求。当设计无要求时，吊点间距应小于1.2m；应按房间短向跨度的1‰～5‰起拱，主龙骨安装后应技术校正其位置标高。吊杆应通直，距主龙骨端部距离不得超过300mm。当吊杆与设备相遇时，应调整吊点构造或增设吊杆；当吊杆长度大于1.5m时，应设置反支撑。根据经验宜3～4m²设一根，宜采用不小于∟30×3的等边角钢。

二、轻钢龙骨吊顶施工

1. 施工步骤

轻钢龙骨吊顶施工步骤如下。

2. 施工做法详解

（1）施工准备

① 型材及配件的内容如下。

a. U形龙骨。U形吊顶龙骨由主龙骨（大龙骨）、次龙骨（中龙骨）、横撑龙骨吊挂件、接插件和挂插件等配件装配而成。

b. T形龙骨。承重主龙骨及其吊点布置与U形龙骨吊顶相同，用T形龙骨和T形横撑龙骨组成吊顶骨架，把板材搭在骨架翼缘上。

c. 轻钢吊顶龙骨安装前，应根据房间的大小和饰面板材的种类，按照设计要求合理布局，排列出各种龙骨的距离，绘制施工组装平面图。

d. 以施工组装平面图为依据，统计并提出各种龙骨、吊杆、吊挂件及其他各种配件的数量，然后用无齿锯分别截取各种轻钢龙骨备用。

② 弹线定位的内容见表9-4。

表9-4　弹线定位操作

名称	内容
弹顶棚标高水平线	根据楼层标高水平线，用尺竖向量至顶棚设计标高，沿墙、柱四周弹顶棚标高水平线
画龙骨分挡线	按设计要求的主、次龙骨间距布置，在已弹好的顶棚标高水平线上画龙骨分挡线

（2）龙骨安装　龙骨安装的顺序一般为：

① 安装主龙骨吊杆（图9-12）。弹好顶棚标高水平线及龙骨分挡位置线后，确定吊杆下端头的标高，按主龙骨位置及吊挂间距，将吊杆无螺栓丝扣的一端与楼板预埋钢筋连接固定。

② 安装主龙骨的具体内容如下。

a. 配装吊杆螺母。

b. 在主龙骨上安装吊挂件。

c. 安装主龙骨。将组装好吊挂件的主龙骨，按分挡线位置使吊挂件穿入相应的吊杆螺栓，拧好螺母。

未预埋钢筋时可用膨胀螺栓。

图9-12 安装龙骨吊杆

d. 主龙骨相接处装好连接件，拉线调整标高、起拱和平直。

e. 安装洞口附加主龙骨，按图集相应节点构造设置连接卡固件。

f. 钉固边龙骨，采用射钉固定。设计无要求时，射钉间距为1000mm。

③ 安装次龙骨（图9-13）。按设计规定的次龙骨间距，将次龙骨通过吊挂件吊挂在大龙骨上，设计无要求时，一般间距为500～600mm。

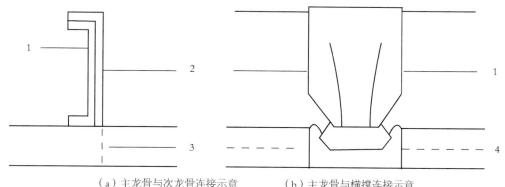

（a）主龙骨与次龙骨连接示意　　　（b）主龙骨与横撑连接示意

图9-13 次龙骨安装

1—主龙骨；2—吊挂件；3—次龙骨；4—横撑

当次龙骨长度需多根延续接长时，用次龙骨连接件在吊挂次龙骨的同时相接，调直固定；当采用T形龙骨组成轻钢骨架时，次龙骨的卡档龙骨应在安装罩面板时每装一块罩面板先后各装一根卡档次龙骨。

（3）**罩面板安装**　罩面板安装的顺序一般为：

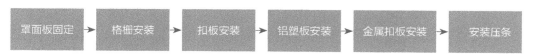

① 罩面板固定一般有三种方法，见表9-5。

表9-5　罩面板固定方法

方法	内容
罩面板自攻螺钉钉固法	在已装好并经验收的轻钢骨架下面，按罩面板的规格、拉缝间隙；进行分块弹线，从顶棚中间顺通长次龙骨方向先装一行罩面板，作为基准，然后向两侧伸延分行安装，固定罩面板的自攻螺钉间距为150~170mm
罩面板胶黏粘固法	按设计要求和罩面板的品种、材质选用胶黏材料，一般可用401胶黏结，罩面板应经选配修整，使厚度、尺寸、边棱一致、整齐。每块罩面板黏结时应预装，然后在预装部位龙骨框底面刷胶，同时在罩面板四周边宽10~15mm的范围刷胶，经5min后，将罩面板压粘在顶装部位。每间顶棚先由中间行开始，然后向两侧分行黏结
罩面板托卡固定法	当轻钢龙骨为T形时，多为托卡固定法安装。T形轻钢骨架通长次龙骨安装完毕，经检查标高、间距、平直度和吊挂荷载符合设计要求，垂直于通长次龙骨弹分块及卡档龙骨线。罩面板安装由顶棚的中间行次龙骨的一端开始，先装一根边卡档次龙骨，再将罩面板槽托入T形次龙骨翼缘或将无槽的罩面板装在T形翼缘上，然后安装另一侧卡档次龙骨。按上述程序分行安装。最后分行拉线调整T形明龙骨

② 格栅安装。格栅规格一般为100mm×100mm、150mm×150mm、200mm×200mm等多种方形格栅，一般用卡具将饰面板板材卡在龙骨上。

③扣板安装。扣板规格一般为100mm×100mm、150mm×150mm、200mm×200mm、600mm×600mm等多种方形塑料板，还有宽度为100mm、150mm、200mm、300mm、600mm等多种条形塑料板，一般用卡具将饰面板板材卡在龙骨上。

④ 铝塑板安装。铝塑板（图9-14）采用单面铝塑板，根据设计要求，裁成需要的形状，用胶粘在事先封好的底板上，可以根据设计要求留出适当的胶缝。

> 施工小常识：胶黏剂胶粘时，涂胶应均匀；胶粘时应采用临时固定措施，并应及时擦去挤出的胶液。

图9-14　铝塑板安装

⑤ 金属扣板安装的内容如下。

a. 条板式吊顶龙骨一般可直接吊挂，也可以增加主龙骨，主龙骨间距不大于1000mm，条板式吊顶龙骨形式与条板配套。

b. 方板吊顶次龙骨分明装T形和安装卡口两种，可根据金属方板样选定。次龙骨与主龙骨间用固定件连接。

c. 金属板吊顶与四周墙面所留空隙，用金属压条与吊顶找齐，金属压缝条的材质宜与金属板面相同。

⑥ 安装压条。罩面板顶棚如设计要求有压条（图9-15），待一间顶棚罩面板安装后，经调整位置，使拉缝均匀、对缝平整，按压条位置弹线，然后按线进行压条安装。

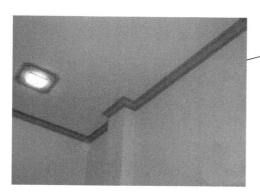

经验小指导：其固定方法宜用自攻螺钉，螺钉间距为300mm，也可用胶黏剂粘贴。

图9-15 压条安装

3. 轻钢龙骨吊顶施工质量控制

① 首先应在墙面弹出标高线、造型位置线、吊挂点布局线和灯具安装位置线。在墙的两端固定压线条，用水泥钉与墙面固定牢固。依据设计标高，沿墙面四周弹线，作为顶棚安装的标准线，其水平允许偏差为±5mm。

② 安装大龙骨。在大龙骨上预先安装好吊挂件，将组装吊挂件的大龙骨，按分挡线位置使吊挂件穿入相应的吊杆螺母，拧好螺母，采用射钉固定，设计无要求时射钉间距为1000mm。

③ 安装中龙骨。中龙骨间距一般为500～600mm。

④ 安装小龙骨。小龙骨间距一般为500～600mm；当采用T形龙骨组成轻钢骨架时，小龙骨应在安装罩面板时，每装一块罩面板先后各装一根卡档小龙骨。

⑤ 刷防锈漆。轻钢骨架罩面板顶棚，焊接处未做防锈处理的表面（如预埋、吊挂件、连接件、钉固附件等），在交工前应刷防锈漆。

第三节 铺贴施工与质量监控

在自建小别墅的装修中，瓷砖饰面算是最多的一种，其装饰效果美观、易清洁，而且耐久性也好。但是饰面砖施工也是一个不可逆的施工过程，稍不注意，就会出现空鼓、脱落等质量问题，大大影响美观性和使用效果。

一、陶瓷墙砖铺贴

1. 施工步骤

陶瓷墙砖铺贴的施工步骤如下：

预排→弹线→做灰饼、标记→泡砖和湿润墙面→镶贴→勾缝→擦洗。

2. 施工做法详解

（1）预排 墙砖镶贴前应预排，要注意同一墙面的横竖排列，不得有一行以上的非整砖。非整砖应排在次要部位或阴角处，排砖时可用调整砖缝宽度的方法解决。如无设计规定时，接缝宽度可在1～1.5mm之间调整。在管线、灯具、卫生设备支撑等部位，应用整砖套割吻合，不得用非整砖拼凑镶贴，以保证美观效果。

（2）弹线 根据室内标准水平线，找出地面标高，按贴砖的面积计算纵横的皮数，用水平尺找平，并弹出釉面砖的水平和垂直控制线。如用阴阳三角镶边时，则将镶边位置预先分配好。横向不足整砖的部分，留在最下一皮与地面连接处。

（3）做灰饼、标记 为了控制整个镶贴釉面砖表面的平整度，正式镶贴前，在墙上贴废釉面砖作为标志块，上下用托线板挂直，作为粘贴厚度的依据，横向每隔1.5m左右做一个标志块，用拉线或靠尺校正平整度。在门洞口或阳角处，如有阴三角镶边时，则应将尺寸留出先铺贴一侧的墙面，并用托线板校正靠直。如无镶边，应双面挂直。

（4）泡砖和湿润墙面 釉面砖粘贴前应放入清水中浸泡2h以上，然后取出晾干，用手按砖背无水迹时方可粘贴。冬季宜在掺入2%盐的温水中浸泡。砖墙面要提前1d湿润好，混凝土墙面可以提前3～4d湿润，以免吸走黏结砂浆中的水分。

（5）采用砂浆镶贴面砖

① 先贴若干块废釉面砖作为标志块，上下用托线板挂直，作为粘贴厚度的依据，横向每隔1.5m左右做一个标志块，用拉线或靠尺校正平整度。

② 在门洞口或阳角处，如有阴三角镶边时，则应将尺寸留出先铺贴一侧的墙面，并用托线板校正靠直。如无镶边，应双面挂直，如图9-16所示。

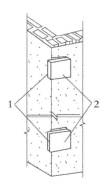

图9-16 双面挂直做法

1—小面挂直靠平；2—大面挂直靠平

③ 按地面水平线嵌上一根八字尺或直靠尺，用水平尺校正，作为第一行瓷砖水平方向的依据。

④ 镶贴时，瓷砖的下口坐在八字尺或直靠尺上，以确保其横平竖直。墙面与地面的相交处用阴三角条镶贴时，需将阴三角条的位置留出后，方可放置八字靠尺或直靠尺。

⑤ 镶贴釉面砖宜从阳角处开始，并由下往上进行。铺贴一般用1∶2（体积比）的水泥砂浆，并可掺入不大于水泥用量15%的石灰膏，用铲刀在釉面砖背面刮满刀灰，厚度4～8mm，砂浆用量以铺贴后刚好满浆为宜。

⑥ 贴于墙面的釉面砖应用力按压，并用铲刀木柄轻轻敲击，使釉面砖紧密粘于墙面，再用靠尺按标志块将其校正平直。

⑦ 铺贴完整行的釉面砖后，再用长靠尺横向校正一次。对高于标志块的应轻轻敲击，使其平齐；若低于标志块（即亏灰）时，应取下釉面砖，重新抹满刀灰再铺贴，不得在砖口处塞灰。

⑧ 依次按上述方法往上贴，铺贴时应保持与相邻釉面砖的平整。当贴到最上一行时，要求上口成一直线。上口如没有压条（镶边），应用一面圆的釉面砖，阴角的大面一侧也用一面圆的釉面砖，这一排的最上面一块应用两面圆的釉面砖，如图9-17所示。

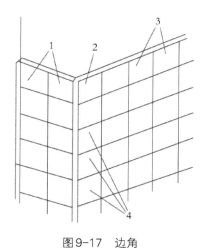

图9-17 边角

1，3，4——面圆釉面砖；2——两面圆釉面砖

（6）采用胶黏剂镶贴面砖

① 调制黏结浆料。采用32.5级以上普通硅酸盐水泥加入专用胶液拌和至适宜施工的稠度即可，不要加水。当黏结层厚度大于3mm时，应加砂，水泥和砂的比例为（1∶1）～（1∶2），砂采用过φ2.5筛子的干净中砂。

② 用单面有齿铁板的平口一面（或用钢板抹子），将黏结浆料横刮在墙面基层上，再用铁板有齿的一面在已抹上黏结浆料的墙上刮出一条条直楞。

③ 铺贴第一皮瓷砖，随即用橡皮锤逐块轻轻敲实。将适当直径的尼龙绳（以不超过瓷砖的厚度为宜）放在已铺贴的面砖上方的灰缝位置（也可用工具式铺贴法）。紧靠在尼龙绳上，铺贴第二皮瓷砖。

④ 铺贴完瓷砖墙面后，必须以整个墙面检查一下平整、垂直情况。发现缝子不直、宽窄不匀时，应进行调缝，并把调缝的瓷砖再进行敲实，避免空鼓。

（7）面砖勾缝、擦缝、清理表面

① 传统方法镶贴面砖完成一定流水段落后，用清水将面砖表面擦洗干净。

釉面砖接缝处用与面砖相同颜色的白水泥浆擦嵌密实，并将釉面砖表面擦净；外墙面砖用1：1水泥砂浆（砂须过窗纱筛）勾缝。

整个工程完工后，应根据不同污染情况，用棉丝或用稀盐酸（10%）刷洗，并随即用清水冲净。

② 采用胶黏剂镶贴的面砖，釉面砖在贴完瓷砖后3～4d，可进行灌浆擦缝。把白水泥加水调成粥状，用长毛刷蘸白水泥浆在墙面缝子上刷涂，待水泥逐渐变稠时用布将水泥擦去。将缝子擦均匀，防止出现漏擦。

外墙面砖在贴完一个流水段后，即可用1：1水泥砂浆（砂须过窗纱筛）勾缝，先勾水平缝，再勾竖缝。缝子应凹进面砖2～3mm。

若竖缝为干挤缝或小于3mm，应用水泥砂浆作擦缝处理。勾缝后，应用棉丝将砖面擦干净。

3. 陶瓷墙砖铺贴质量控制

① 粘贴前应预先排砖，使得拼缝均匀。在同一面墙上横竖排列，不得有一行以上的非整砖，且非整砖的排列应放在次要部位。

② 找平层施工后，应按照普通抹灰质量标准进行质量验收，表面平整度、立面垂直度及阴阳角方正的允许偏差为4mm；然后用混合砂浆粘贴废面砖做灰饼，间距不大于1.5m，用拉线或靠尺校正平整度，并根据皮数杆在找平层上从上到下弹若干水平线，在阴阳角、窗口处弹上垂直线作为贴砖时的控制线；粘贴面砖时，应保持面砖上口平直，贴完一皮砖后，需将上下口刮平，不平处用小木片垫平，放上米厘条再粘贴第二皮砖。

③ 应选用材质密实、吸水率小、质地较好的瓷砖。在泡水时一定要泡至不冒气泡为准，且不少于2h。在操作时不要大力敲击砖面，防止产生隐伤，并随时将砖面上的砂浆擦拭干净。

二、陶瓷、玻璃锦砖铺贴

1. 施工步骤

陶瓷、玻璃锦砖铺贴的施工步骤如下：

基层处理→抹找平层→刷结合层→排砖、分格、弹线、镶贴锦砖→揭纸、调缝→清理表面。

2. 施工做法详解

（1）**基层处理** 对基层进行清理，剔平墙面凸出的混凝土，对光滑的混凝土墙面要做"毛化处理"。

（2）**做水泥砂浆找平层** 以墙面+50cm水平标高线为准，测出面层标高，拉水平线做灰饼，灰饼上表面为陶瓷锦砖下皮；然后进行冲筋，在房间中间每隔1m冲筋一道。有地漏的房间按设计要求的坡度找坡，冲筋应朝地漏方向呈放射状。冲筋后，用1：3干硬性水泥砂浆找平，铺设厚度为20～25mm，用大杠（顺标筋）将砂浆刮平，木抹子拍实、抹平整。有地漏的房间要按设计要求的坡度做出泛水。

（3）**刷结合层** 均匀刷一层水泥素浆，增强砖体的黏结效果。

（4）**排砖、分格、弹线、镶贴锦砖**

① 陶瓷锦砖镶贴。

a. 方法一。根据已弹好的水平线稳好平尺板（图9-18），在已湿润的底子灰上刷素水泥浆一道，再抹结合层，并用靠尺刮平。同时将陶瓷锦砖铺放在木垫板上（图9-19），底面朝上，缝里撒灌1：2干水泥砂，并用软毛刷子刷净底面浮砂，薄薄涂上一层黏结灰浆（图9-20），逐张拿起，清理四边余灰，按平尺板上口，由下往上随即往墙上粘贴。

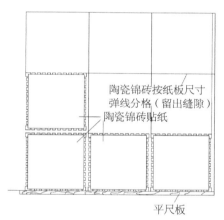

陶瓷锦砖按纸板尺寸弹线分格（留出缝隙）
陶瓷锦砖贴纸

平尺板

图9-18 陶瓷锦砖镶贴示意

b. 方法二。将水泥石灰砂浆结合层直接抹在纸板上，用抹子初步抹平2～3mm厚，随即进行粘贴。缝子要对齐，随时调整缝子的平直和间距，贴完一组后将分格条放在上口再继续贴第二组。

四边包0.5厚钢薄板
面层铺钉三合板
木垫板底盘架
50

图9-19 木垫板

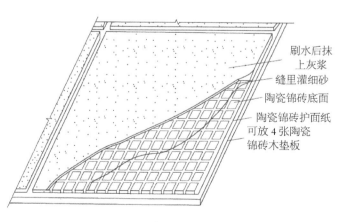

刷水后抹上灰浆
缝里灌细砂
陶瓷锦砖底面
陶瓷锦砖护面纸
可放4张陶瓷锦砖木垫板

图9-20 缝中灌砂做法

图解小别墅
设计与施工技能速成

c. 方法三。用胶水：水泥=1：（2～3）配料，在墙面上抹厚度为1mm左右的黏结层，并在弹好水平线的下口，支设垫尺。将陶瓷锦砖铺在木垫板上，麻面朝上，将胶黏剂刮于缝内，并薄薄留一层胶面。随即将陶瓷锦砖贴在墙上，并用拍板满敲一遍，敲实、敲平。

d. 粘贴后的陶瓷锦砖，用拍板靠放已贴好的陶瓷锦砖上用小锤敲击拍板，满敲一遍使其黏结牢固。

② 玻璃锦砖镶贴。

a. 墙面浇水后抹结合层，用32.5级或32.5级以上普通硅酸盐水泥净浆，水灰比为0.32，厚度为2mm，待结合层手捺无坑，只能留下清晰指纹时为最佳铺贴时间。

b. 将玻璃锦砖背面朝上平放在木垫板上，并在其背面薄薄涂抹一层水泥浆，刮浆闭缝。水泥浆的水灰比为0.32，厚度为1～2mm。

c. 将玻璃锦砖逐张沿着标志线铺贴。用木抹子轻轻拍平压实，使玻璃锦砖与基层灰牢固黏结。如在铺贴后板与板的横、竖缝间出现误差，可用木拍板赶缝，进行调整。

（5）揭纸、调缝

① 锦砖镶贴后，用软毛刷将锦砖护面纸刷水湿润，约0.5h后揭纸，揭纸应从上往下揭。

② 揭纸后检查缝子平直、大小情况，凡弯弯扭扭的缝子必须用开刀拨正调直，再普遍用小锤敲击拍板一遍，用刷子带水将缝里的砂刷出，并用湿布擦净锦砖砖面，必要时可用小水壶由上往下浇水冲洗。

（6）清理表面

① 粘贴48h，将起出分格条的大缝用1：1水泥砂浆勾严，其他小缝均用素水泥浆擦缝。

② 工程全部完工后，应根据不同污染程度用稀盐酸液刷洗，紧跟着用清水冲刷。

3. 陶瓷、玻璃锦砖铺贴质量控制

陶瓷、玻璃锦砖铺贴质量控制的内容参见"陶瓷墙砖铺贴质量控制的内容"。

第四节　涂饰与抹灰施工质量监控

一、乳胶漆施工

1. 施工步骤

乳胶漆施工步骤如下：

基层处理→修补腻子→满刮腻子→涂刷乳胶漆。

2. 施工做法详解

（1）**基层处理** 将墙面上的起皮杂物等清理干净，然后用笤帚把墙面上的尘土等扫净。对于泛碱的基层应先用3%的草酸溶液清洗，然后用清水冲刷干净即可。

（2）**修补腻子** 用配好的石膏腻子将墙面、窗口角等破损处找平补好，腻子干燥后用砂纸将凸出处打磨平整。

（3）**满刮腻子（图9-21）** 用橡胶刮板横向满刮，接头处不得留槎，每一刮板最后收头时要干净利落。腻子配合比为聚醋酸乙烯乳液：滑石粉：水=1：5：3.5。当满刮腻子干燥后，用砂纸将墙面上的腻子残渣、斑迹等打磨、磨光，然后将墙面清扫干净。

图9-21 刮腻子施工

（4）**涂刷乳胶漆** 一般来说，乳胶漆的涂刷需要进行三遍以上，最终效果才足够美观要求。

① 第一遍涂刷。先将墙面仔细清扫干净并用布将墙面粉尘擦净。涂刷每面墙面的顺序宜按先左后右、先上后下、先难后易、先边后面的顺序进行，不得胡乱涂刷，以免漏涂或涂刷过厚、涂料不均匀等。通常情况下用排笔涂刷，使用新排笔时，要注意将活动的笔毛清理干净。乳胶漆涂料使用前应搅拌均匀，根据基层及环境的温度情况，可加10%水稀释，以免头遍涂料涂刷不开。干燥后修补腻子，待修补腻子干燥后，用1号砂纸磨光并清扫干净。

② 操作要求同第一遍乳胶漆涂料。涂刷前要充分搅拌，如不是很稠，则不应加水或少加水，以免漏底。漆膜干燥后，用细砂纸将墙面小疙瘩和排笔毛打磨掉，磨光滑后用布擦干净。

③ 操作要求与前两次相同。由于乳胶漆漆膜干燥快，所以应连续迅速操作，涂刷时从左边开始，逐渐涂刷向另一边，一定要注意上下顺刷互相衔接，避免出现接槎明显而需另行处理的情况发生。

3. 乳胶漆施工质量控制

① 基层处理是保证施工质量的关键环节，其中保证墙体完全干透是最基本条件，一般应放置10d以上。墙面必须平整，最少应满刮两遍腻子至满足标准要求。

② 乳胶漆涂刷的施工方法可以采用手刷、滚涂和喷涂。涂刷时应连续迅速操作，一次刷完。

③ 涂刷乳胶漆时应均匀，不能有漏刷、流附等现象。涂刷一遍，打磨一遍。一般应刷两遍以上。

④ 腻子应与涂料性能配套，坚实牢固，不得有粉化、起皮、裂纹现象。卫生间等潮湿处使用耐水腻子，涂液要充分搅匀，黏度太大可适当加水，黏度小可加增稠剂。施工温度要高于10℃。室内不能有大量灰尘，最好避开雨天施工。

二、色漆混油施工

1. 施工步骤

色漆混油施工步骤如下：

基层处理→刷封底油漆→刮腻子→磨光→刷第一遍油漆→刮腻子→打砂纸→刷第二遍油漆→打砂纸→刷第三遍油漆。

2. 施工做法详解

（1）**基层处理** 先将木材表面上的灰尘、胶迹等用刮刀刮除干净，但应注意不要刮出毛刺且不得刮破。然后用1号以上的砂纸顺木纹精心打磨，先磨线角、后磨平面直到光滑为止。当基层有小块翘皮时，可用小刀撕掉；如有较大的疤痕则应有木工修补；节疤、松脂等部位应用虫胶漆封闭，钉眼处用油性腻子嵌补。

（2）**刷封底油漆** 封底油漆由清油、汽油、光油配制，略加一些红土子进行刷涂。待全部刷完后应检查一下有无遗漏，并注意油漆颜色是否正确，并将五金件等处沾染的油漆擦拭干净。

（3）**刮腻子** 腻子的配合比为石膏：熟桐油：水=20：7：50，待涂刷的清油干透后将钉孔、裂缝、节疤以及残缺处用石膏油腻子刮抹平整，腻子要不软不硬、不出蜂窝、挑丝不倒为准。刮时要横抹竖起，将腻子刮入钉孔或裂纹内。若接缝或裂缝较宽、孔洞较大时，可用开刀或铲刀将腻子挤入缝洞内，使腻子嵌入后刮平收净，表面上腻子要刮光、无松散腻子及残渣。

（4）**磨光** 待腻子干透后，用1号砂纸打磨，打磨方法与底层打磨相同，但注意不要磨穿漆膜并保护好棱角，不留松散腻子痕迹。打磨完成后应打扫干净并用潮湿的布将打磨下来的粉末擦拭干净。

（5）**刷第一遍油漆** 先将色铅油、光油、清油、汽油、煤油混合在一起搅拌均匀并过罗，其配合比为铅油：光油：清油：汽油：煤油=25：5：4：10：5，可用红、黄、蓝、白、黑铅油调配成各种所需颜色的铅油油漆，其稠度以达到盖底、不流淌、不显刷痕为准。涂刷的顺序与刷封底油漆相同。

（6）**刮腻子** 待第一遍油漆干透后，对底腻子收缩或残缺处用石膏腻子刮抹一次。

（7）**打砂纸** 待腻子干透后，用1号以下砂纸打磨。

（8）**刷第二遍油漆** 方法与第一遍油漆相同。

（9）**打砂纸** 待腻子干透后，用1号以下砂纸打磨。在使用新砂纸时，应将两张砂纸对磨，把粗大的砂粒磨掉，以免打磨时把漆膜划破。

（10）**刷第三遍油漆** 方法与第一遍油漆相同。但由于调和漆的黏度较大，涂刷时要多刷多理，要注意刷油饱满、动作敏捷，使所刷的油漆不流、不坠、光亮均匀、色泽一致。

三、内墙抹灰施工

1. 施工步骤

内墙抹灰施工步骤如下：

基层处理→贴饼、冲筋→抹底灰、中层灰→抹罩面灰→养护。

2. 施工做法详解

（1）**基层处理（图9-22）** 如果墙面表面比较光滑，应对其表面进行凿毛处理，可将其光滑的表面用尖剔毛，剔除光面，使其表面粗糙不平，呈麻点状，然后浇水使墙面湿润。

> 经验小指导：光滑的混凝土表面应进行凿毛处理。外墙喷界面剂一道。

图9-22 墙面基层处理

（2）**贴饼、冲筋** 在门口、墙角、墙垛处吊垂直，套方抹灰饼、冲筋找规矩。

（3）**抹底灰、中层灰** 根据抹灰的基体不同，抹底灰前可先刷一道胶黏性水泥砂浆，然后抹1：3水泥砂浆，且每层厚度控制在5～7mm为宜。每层抹灰必须保持一定的时间间隔，以免墙面收缩而影响质量。

（4）**抹罩面灰** 在抹罩面灰之前，应观察底层砂浆的干硬程度，在底灰七八成干时抹罩面灰。如果底层灰已经干透，则需要用水先湿润，再薄薄地刮一层素水泥浆，使其与底灰粘牢，然后抹罩面灰。另外，在抹罩面灰之前应注意检查底层砂浆有无空、裂现象，如有应剔凿返修后再抹罩面灰。

（5）**养护** 水泥砂浆抹灰层常温下应在24h后喷水养护。

3. 内墙抹灰施工质量监控

① 抹灰前基层表面的尘土、污垢、油渍等应清除干净，并应洒水润湿。

② 抹灰工程应分层进行。当抹灰总厚度大于或等于35mm时，应采取加强措施。不同材料基体交接处表面的抹灰，应采取防止开裂的加强措施，当采用加强网时，加强网与各基体的搭接宽度不应小于100mm。

③ 抹灰层与基层之间及各抹灰层之间必须黏结牢固，抹灰层应无脱层、空鼓，面层应无爆灰和裂缝。

④ 表面应光滑、洁净、接槎平整，分格缝应清晰。

⑤ 护角、孔洞、槽、盒周围的抹灰表面应整齐、光滑；管道后面的抹灰表面应平整。

⑥ 抹灰层的总厚度应符合设计要求；水泥砂浆不得抹在石灰砂浆层上；罩面石膏灰不得抹在水泥砂浆层上。

⑦ 抹灰分格缝的设置应符合设计要求，宽度和深度应均匀，表面应光滑，棱角应整齐。

⑧ 有排水要求的部位应做滴水线（槽）。滴水线（槽）应整齐顺直，滴水线应内高外低，滴水槽的宽度和深度均不应小于10mm。

四、外墙抹灰施工

1. 施工步骤

外墙抹灰施工步骤如下：

基层处理→湿润基层→找规矩、做灰饼、冲筋→抹底层灰、中层灰→弹分格线、嵌分格条→抹面层灰→起分格条、修整→养护。

2. 施工做法详解

外墙抹灰一般是先上部、后下部，先檐口再墙面（包括门窗周围、窗台、阳台、雨篷等）大面积的外墙可分片同时施工。高层建筑垂直方向适当分段，如一次抹不完时，可在阴阳角交接处或分隔线处间断施工。具体施工过程可参考以下进行。

（1）基层处理、湿润 基层表面应清扫干净，混凝土墙面突出的地方要剔平刷净，蜂窝、凹洼、缺棱掉角处，应先刷一道1：4（108胶：水）的胶溶液，并用1：3水泥砂浆分层补平；加气混凝土墙面缺棱掉角和缝隙处，宜先刷一道掺水泥重20%的108胶素水泥浆，再用1：1：6水泥混合砂浆分层修补平整。

（2）找规矩、做灰饼、标筋

① 在墙面上部拉横线，做好上面两角灰饼，再用托线板按灰饼的厚度吊垂直线，做下边两角的灰饼。

②分别在上部两角及下部两角灰饼间横挂小线，每隔1.2～1.5m做出上下两排灰饼，然后冲筋。门窗口上沿、窗口及柱子均应拉通线，做好灰饼及相应的标筋。

（3）抹底层、中层灰 外墙底层灰可采用水泥砂浆或混合砂浆（水泥：石子：砂=1：1：6）打底和罩面。其底层、中层抹灰及赶平方法与内墙基本相同。

（4）弹分格线、嵌分格条 中层灰达六七成干时，根据尺寸用粉线包弹出分格线。分格条使用前用水泡透，分格条两侧用黏稠的水泥浆（宜掺108胶）与墙面抹成45°，横平竖直、接头平直。当天不抹面的"隔夜条"，两侧素水泥浆与墙面抹成60°。

（5）抹面层灰 抹面层灰前，应根据中层砂浆的干湿程度浇水湿润。面层涂抹厚度为5～8mm，应比分格条稍高。抹灰后，先用刮杠刮平，紧接着用木抹子搓平，再用钢抹子初步压一遍。稍干后，再用刮杠刮平，用木抹子搓磨出平整、粗糙均匀的表面。

（6）拆除分格条、勾缝　面层抹好后即可拆除分格条，并用素水泥浆把分格缝勾平整。若采用"隔夜条"的罩面层，则必须待面层砂浆达到适当强度后方可拆除。

（7）做滴水线、窗台、雨篷、压顶、檐口等部位　先抹立面，后抹顶面，再抹底面。顶面应抹出流水坡度，底面外沿边应做出滴水线槽。

滴水线槽的做法：在底面距边口20mm处粘贴分格条，成活后取掉即成；或用分格器将这部分砂浆挖掉，用抹子修整。

（8）养护　面层抹光24h后应浇水养护。养护时间应根据气温条件而定，一般不应少于7d。

3. 外墙抹灰施工质量监控

外墙抹灰施工质量监控的内容参见"内墙抹灰施工质量监控的具体内容"。

五、顶棚抹灰施工

1. 施工步骤

（1）现浇混凝土楼板顶棚抹灰　现浇混凝土楼板顶棚抹灰的施工步骤如下：

基层处理 → 弹水平基准线 → 湿润基层 → 刷水泥浆 → 抹底层砂浆 → 抹纸筋灰面层

（2）灰板条吊顶抹灰　灰板条吊顶抹灰的施工步骤如下：

基层处理 → 弹水平线线 → 抹底层灰 → 抹中层灰 → 抹面层灰

2. 施工做法详解

（1）现浇混凝土楼板顶棚抹灰施工做法

① 基层处理。对采用钢模板施工的板底凿毛，并用钢丝刷满刷一遍.再浇水湿润。

② 弹线（图9-23）。视设计要求的抹灰档次及抹灰面积大小等情况，在墙柱面顶弹出抹灰层控制线。小面积普通抹灰顶棚，一般用目测控制其抹灰面平整度及阴阳角顺直即可；大面积高级抹灰顶棚则应找规矩、找水平、做灰饼及冲筋等。

经验小指导：根据墙柱上弹出的标高基准墨线，用粉线在顶板下100mm的四周墙面上弹出一条水平线，作为顶板抹灰的水平控制线。对于面积较大的楼盖顶或质量要求较高的顶棚，宜通线设置灰饼。

图9-23　弹抹灰控制线

③ 抹灰底。

a. 抹底灰（图9-24）。抹灰前应对混凝土基体提前洒（喷）水润湿，抹时应一次用力抹灰到位，并初平，不宜翻来覆去扰动，否则会引起掉灰，待稍干后再用搓板刮尺等刮平，最后一遍需压光，阴阳角应用角模拉顺直。

在顶板混凝土湿润的情况下，先刷素水泥浆一道，随刷随打底，打底采用1:1:6水泥混合砂浆。对顶板凹度较大的部位，先大致找平并压实，待其干后，再抹大面底层灰，其厚度每边不宜超过8mm。操作时需用力抹压，然后用压尺刮抹顺平，再用木磨板磨平，要求平整稍毛，不必光滑，但不得过于粗糙，不许有凹陷深痕。

图9-24　顶棚抹底灰施工

b. 抹面层灰时可在中层六七成干时进行，预制板抹灰时必须朝板缝方向垂直进行，抹水泥类灰浆后需注意洒水养护。

④ 抹面罩灰（图9-25）。待灰底六七成干时，即可抹面层纸筋灰。如停歇时间长、底层过分干燥，则应用水润湿。

涂抹时分两遍抹平、压实，其厚度不应大于2mm。

图9-25　抹面罩灰施工

待面层稍干，"收身"时（即经过铁抹子压磨，灰浆表层不会变为糊状时）要及时压光，不得有匙痕、接缝不平等现象。天花板与墙边或梁边相交的阴角应成一条水平直线，梁端与墙面、梁边相交处应成垂直线。

（2）灰板条吊顶抹灰施工做法　灰板条吊顶抹灰施工的具体步骤及内容见表9-6。

表9-6 灰板条吊顶抹灰施工的具体步骤及内容

名称	内容
清理基层	将基层表面的浮灰等杂物清理干净
弹水平线	在顶棚靠墙的四周墙面上弹出水平线，作为抹灰厚度的标志
抹底层灰	抹底灰时，应顺着板条方向，从顶棚墙角由前向后抹，用铁抹子刮上麻刀石灰浆或纸筋石灰浆，用力来回压抹，将底灰挤入板条缝隙中，使转角结合牢固，厚度为3~6mm
抹中层灰	待中层灰七成干后，用钢抹子轻敲有整体声时，即可抹中层灰；用铁抹子横着灰板条方向涂抹，然后用软刮尺横着板条方向找坡
抹面层灰	待中层灰约七成干后，用钢抹子顺着板条方向罩面，再用软刮尺找平，最后用钢抹子压光 为了防止抹灰裂缝和起壳，所用石灰砂浆不宜掺水泥，抹灰层不宜过厚，总厚度应控制在15mm以内

3. 顶棚抹灰施工质量监控

① 对于要求大面积平滑的顶棚，以及要求拱形、折板和某种特殊形式的顶板，往往都是用抹灰来实现。另外，厚度大于15mm的钢丝网水泥砂浆抹灰层，还可作为钢结构或建筑物某些部位的防火保护层，但它们不能与木质部分接触。

② 抹灰基础的首要条件是绷紧在龙骨上，防止挤压时的弯曲。为了能咬住抹灰层，钢丝网的网眼直径可不大于10mm。带肋钢板网所固定的金属龙骨可以是倒T形的定型龙骨，用轧头轧牢；也可采用直径为6~8mm的圆钢筋作为龙骨，用镀锌铁丝绑扎。这种龙骨间距不得大于350mm。

③ 抹灰层平均厚度不得大于下列规定：当为板条抹灰及在现浇混凝土基体下直接抹灰时为15mm；当在预制混凝土基体下直接抹灰时为18mm；当为钢板网抹灰时为20mm，以越薄越好。

附　录

附录1　自建房的报建手续

（1）**自建房报批**　自建房报批申请流程见附图1。

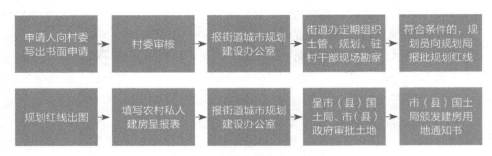

附图1　自建房报批申请流程

（2）**自建房申请与建房详细程序**　根据《土地管理法》及《土地管理法实施条例》的规定，农村自建房应按照下列步骤合法申请。

① 由建房户提出申请，填写《农村个人建房申请、审核表》。

② 所在村民委员会签署并加盖公章。

③ 镇政府进行初审，由镇村建办和镇土地分所给出初审意见，并负责调地工作。

④ 镇政府分村定期、定点张榜公布初审。

⑤ 报市（县）级机关联合审批。

a. 市（县）规划局审核，确定规划选址，发批准文件。

b. 市（县）土地局审核，并办理用地审批手续，发批准文件。

⑥ 镇政府收取建房费用，核发《农村个人建房建设工程许可证》。

⑦ 建房户开工前报告镇政府，镇政府现场查验，敲桩定位，并实行建设全程管理。

⑧ 建房竣工后，建房户应向镇政府申请竣工验收。

⑨ 镇政府会同县有关部门派人现场查验，按规定核发建房竣工验收合格证，退还

建房用地保证金。

⑩　建房户凭验收合格证，向房地产登记部门申请房地产权利登记。

（3）个人建房申请　按照国家有关规定，为了统一规划，防止乱搭乱建以及侵占土地等问题的产生，建新房要经过政府有关部门的批准。要建新房的个人或集体，必须向有关部门（土地规划局、建设局等）写建房申请，待批准后才能建房，否则将作违规建房处理。

写建房申请前，应查阅国家和当地政府的有关规定，要在符合这些规定的范围内写申请。如不符有关规定，申请是不会得到批准的。写的时候，一般正文开头部分提出建房申请，主体部分写建房理由（为什么要建房）、建房的条件和建房方案（怎么建）。理由要充分，方案也应可行。具体可以参考下面实例。

建房申请

××土地规划局：我叫×××，是××乡××村××组农民。由于下列几个原因，我申请新建住房。

一、我现住的房屋，还是1976年建的简陋木制瓦房，至今已逾40余年，虽经过多次整修，但破损处仍然较多，修修补补既难解决漏雨、漏风问题，也影响房屋外观。因而建新房非常有必要。

二、我现居住的房屋一共5间，80多平方米，要住8人，还要堆放粮食等，十分拥挤。特别是我大儿子后年要娶媳妇，女方家要求必须有新房才肯嫁过来。为了改善现有的住房状况，为了我大儿子能顺利成家，我也必须建新房。

三、这些年来，党的政策越来越好，我们的收入也一年比一年增加。我通过二十多年的辛勤劳动，不断积攒，已基本上攒够了建新房（建成砖混水泥房）的费用。只要上级一批准，我就能马上动工。

四、我建房的方案是：拆除现有的住房，主要在老地基建新房，另外占用我现住房背后的自留地40m²。所建房屋为一楼一底，约200m²。特此申请，敬请审核批准。

附：1. 现住房照片；2. 生产小组的证明。

申请人：××乡××村××组×××　×年×月×日

附录2　宅基地的选择和审批

1. 宅基地的定义

宅基地是指农村的农户或个人用作住宅基地而占有、利用本集体所有的土地，即指建了房屋、建过房屋或者决定用于建造房屋的土地，包括建了房屋的土地、建过房屋但已无上盖物，不能居住的土地以及准备建房用的规划地种类型。

农村集体经济组织为保障农户生活需要而拨给农户一部分土地，用于建造住房，辅助用房（厨房、仓库、厕所），庭院，沼气池，禽畜舍等。宅基地的所有权属于农村集体经济组织。农户对宅基地上的附着物享有所有权，有买卖和租赁的权利，不受他人侵犯。房屋出卖或出租后，宅基地的使用权随之转给受让人或承租人，但宅基地所有权始终为集体所有。

2. 宅基地的申请条件

申请人是本集体经济组织成员，且在本集体经济组织内从事生产经营活动，并承担本集体经济组织成员同等义务。只有属于附表所列情况之一的，才可申请宅基地。

附表1　可以申请宅基地的条件

序号	申请条件
1	多子女家庭，有子女已达婚龄，确需分居立户（分户后父母身边需有一个子女）
2	因国家建设原宅基地被征收
3	因自然灾害或者实施村镇规划，土地整理需要搬迁
4	原房屋破旧，宅基地面积偏小，需要新翻建、扩建
5	迁入农业人口落户成为本集体经济组织成员，经集体经济组织分配承包田，同时承担村民义务，且在原籍没有宅基地
6	因外出打工、上学、被劳动教养、服刑等特殊原因将原农业户口迁出，现户口迁回后继续从事农业劳动，承担村民义务，且无住房的农业人口
7	原本村现役军人配偶，且配偶及子女户口已落户在本村组，且无住房

3. 宅基地的申请审批流程

宅基地的申请审批流程如下：

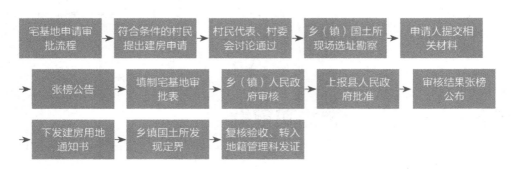

① 由本人向所在的农村集体经济组织或者村民委员会提出用地申请。

② 由农村集体经济组织召开成员会议或者村民委员会召开村民会议对其用地申请进行讨论。

③ 讨论通过后，由农村集体经济组织或村民委员会将申请宅基地的户主名单、占地面积、位置等张榜公布，报乡（镇）人民政府审核。

④ 乡（镇）人民政府审核后，报县级人民政府批准，批准结果由村民委员会或农村集体经济组织予以公布。占用农用地的，按照《中华人民共和国土地管理法》有关规定办理农用地转用手续。

⑤ 经批准回乡落户的城镇干部、职工、军人和其他人员申请建造住宅的，应当持有原所在单位或者原户口所在地乡（镇）人民政府出具的无住房证明材料办理有关手续，其宅基地面积按照落户所在地的标准执行。

⑥ 回乡定居的华侨、台湾和港澳同胞、外籍华人、烈士家属申请建造住宅的，其宅基地面积参照当地标准执行。

4. 宅基地选择的注意事项

农村宅基地分配与建房应符合村庄规划和土地利用总体规划，充分利用旧宅基地、村内空闲地和村边丘陵坡地，严禁在基本农田保护区和地质灾害危险区内建房，严禁擅自在承包地、自留地上建房。严禁在滑坡、泥石流、陡坡、软土、山洪沟渠旁等地区选址建设住宅。建筑场地宜选择对防震有利地段和满足建筑物承载力和变形要求的场地。建筑地基宜选择对防震有利的地段，避开不利地段，当无法避开时，应采取有效措施。

农村或者小城镇土地相对宽松，建私房时就很有必要选择适宜建房的宅基地，避开一些过于复杂的地形，以免增加一些不必要的费用。以下几种地形是会大幅提高建房成本。

（1）**通道过于狭窄，材料难以运输**　有些古旧的村落，布局不合理，没有预留车辆行驶的通道，更有一些是顺着山坡而建的寨子，道路是拾级而上的，在这些村子中间建楼房，材料进出只能用小斗车或人力挑运，运输成本可想而知。

（2）**宅基地的旁边有陡坡或悬崖**　在这样的宅基地上建房，安全感的欠缺就不用说了，解决的办法就只有砌挡土墙了。砌挡土墙的费用一般是按立方米来计算的，一立方米的片石拉到工地要上百块，加上水泥砂浆、人工费，这样下来，可是一笔不菲的费用。

（3）**将房屋建在填埋土上**　现代房屋一般都有二、三层以上，传统的说法，地基不打到实土是不安全的，轻则下沉龟裂，重则倾斜。如果浮土过深，只能采用机压灌桩或人工挖孔桩，这样做下来成本自然就上去了。

参 考 文 献

［1］中华人民共和国住房和城乡建设部. GB/T 50001—2010房屋建筑制图统一标准. 北京：中国建筑工业出版社，2011.

［2］中华人民共和国住房和城乡建设部. GB 20204—2002（2011年版）混凝土结构工程施工质量验收规范. 北京：中国建筑工业出版社，2011.

［3］北京建工集团有限责任公司编. 建筑风向工程施工工艺标准（上册）. 北京：中国建筑工业出版社，2008.

［4］中国建筑工业出版社. 建筑施工手册. 北京：中国建筑工业出版社，2003.

［5］同济大学等. 房屋建筑学. 北京：中国建筑工业出版社，2005.

［6］单德启. 小城镇公共建筑与住宅设计. 北京：中国建筑工业出版社，2004.

［7］马虎臣，李红光，任金爱. 新农村房屋设计与施工. 北京：金盾出版社，2011.

［8］彭圣浩. 建筑工程质量通病防治手册. 北京：中国建筑工业出版社，1990.

［9］黄杰. 农村自建房知识问答. 北京：中国标准出版社，2010.

［10］尹贻林. 工程造价计价与控制. 北京：中国计划出版社，2003.

［11］刘长滨. 土木工程概预算. 武汉：武汉理工大学出版社，2003.

［12］谭大璐. 工程估价. 北京：中国建筑工业出版社，2003.

［13］骆中钊. 小城镇现代住宅设计. 北京：中国电力出版社，2006.

［14］林川等. 小城镇住宅建筑节能设计与施工. 北京：中国建材工业出版社，2004.